Biologie heute S II

Arbeitsheft

Neurophysiologie
Verhaltensbiologie
Evolutionsbiologie

Schroedel

Biologie heute S II
Arbeitsheft

Neurophysiologie
Verhaltensbiologie
Evolutionsbiologie

Bearbeitet von
Antje Starke

Unter Mitarbeit
der Verlagsredaktion

Illustrationen
Maren Glindemann
Karin Mall
Heike Möller
Barbara Schneider
Susanne Thater

Fotonachweis
39: dpa, Frankfurt; 62/1: Schmidt-Rex/Goitom;
62/2: Gloth; 62/3: Friedrich; 62/4: Schuchardt

ISBN 3-507-**10594**-2

© 1998 Schroedel Verlag
im Bildungshaus Schoedel Diesterweg Bildungsmedien GmbH & Co. KG, Hannover

Alle Rechte vorbehalten. Dieses Werk sowie einzelne Teile desselben sind urheberrechtlich geschützt. Jede Verwertung in anderen als den gesetzlich zugelassenen Fällen ist ohne vorherige schriftliche Zustimmung des Verlages nicht zulässig.

Druck A $^{10\ 9\ 8\ 7\ 6}$ / Jahr 2007 2006 2005 2004 2003

Alle Drucke der Serie A sind im Unterricht parallel verwendbar, da bis auf die Behebung von Druckfehlern unverändert. Die letzte Zahl bezeichnet das Jahr dieses Druckes.

Satz: O&S Satz GmbH, Hildesheim
Druck und Bindung: Westermann Braunschweig

Inhaltsverzeichnis

Neurophysiologie

Wiederholung – Reiz und Reaktion 1
Die Nervenzelle 2
Nervenfasern leiten Erregungen weiter 3
Synapsen – Orte der Erregungsübertragung . 4
Die motorische Endplatte 5
Wirkung von Synapsengiften 6
Nervensysteme im Überblick 7
Wiederholung – Das Nervensystem
des Menschen 8
Das Rückenmark – eine wichtige
Schaltzentrale 9
Das vegetative Nervensystem 10
Bau und Funktion des Gehirns 11
Die Rindenfelder des Großhirns 12
Denken 13
Gedächtnis und Gedächtnisprozesse
beim Menschen 14
Experimentelle Untersuchungen zu Lern- und
Denkstrategien 15
Erkrankungen des Nervensystems 16
Das Nervensystem steuert und regelt
verschiedene Körperfunktionen 17
Stress – Nervensystem und Hormonsystem
wirken zusammen 18
Reizbarkeit bei Pflanzen 19

Klausur- und Prüfungsaufgaben –
Neurophysiologie 20
Themenübergreifende Aufgaben 21

Verhaltensbiologie

Wiederholung – angeborenes Verhalten 22
Angeborenes Verhalten – Instinkthandlungen 23
Instinktverhalten –
Instinkt-Lern-Verschränkung 24
Instinktverhalten – Handlungsketten 25
Erkundungs- und Spielverhalten 26
Lernen – die SKINNER-Box 27
Lernen – bedingte Reaktionen 28
Lernen bei Vögeln 29
Kognitive Leistungen bei Tieren 30
Wiederholung – Soziale Strukturen 31
Kommunikation mit Artgenossen 32
Aggressionsverhalten bei Tieren 33
Auf in den Kampf? 34
Sexualverhalten bei Tieren 35
Paarungssysteme 36

Der Start ins Leben 37
Territorial- und Besitzverhalten
beim Menschen 38
Sozialverhalten des Menschen I 39
Sozialverhalten des Menschen II 40
Sexualverhalten des Menschen 41
Eltern-Kind-Verhalten 42

Klausur- und Prüfungsaufgaben – Verhalten . 43
Themenübergreifende Aufgaben 44

Evolutionsbiologie

Die Entstehung des Lebens –
immer noch ein Rätsel 45
Die Theorien von LAMARCK und DARWIN
im Vergleich 46
Evolutionsfaktoren ermöglichen
das Entstehen neuer Arten 47
Wie wirken Evolutionsfaktoren? 48
Stammbaum der Tiere 49
Evolutive Trends in der Tierwelt 50
Evolutive Trends in der Pflanzenwelt 51
Die Evolution der Gefäßpflanzen 52
Belege aus der Anatomie und Morphologie I . 53
Belege aus der Anatomie und Morphologie II 54
Belege aus der Embryologie und
der Verhaltenslehre 55
Belege aus der Biochemie 56
Belege aus der Paläontologie – Fossilien 57
Belege aus der Paläontologie –
Zwischenformen 58
Die verschiedenen Erdzeitalter 59
Vergleich zwischen Menschenaffe
und Mensch 60
Stammbaum des Menschen 61
Ethnische und kulturelle Vielfalt
des Menschen 62

Klausur- und Prüfungsaufgaben – Evolution . 63
Themenübergreifende Aufgaben 64

Arbeitsblatt: Wiederholung – Reiz und Reaktion

1. Erläutern Sie die folgenden Begriffe.

Reiz: _____

_____

_____

Reizschwelle: _____

_____

_____

2. Traditionell unterscheidet man verschiedene Reizarten. Vervollständigen Sie dazu folgende Tabelle.

Reizart	Beispiel aus dem Tierreich, bei dem diese Reizart eine große Rolle spielt	Bedeutung dieser Reizart für das gewählte Tier
optische Reize	Falke	Orientierung im Raum, Beutefang
mechanische Reize		Erkennen von Hindernissen
Schmerzreiz	Mensch	Alarmsignal bei direkter Gefährdung des Körpers

3. Die Abbildungen zeigen Ihnen verschiedene Sinneszellen des Menschen. Benennen Sie diese und geben Sie jeweils den *adäquaten Reiz* an.

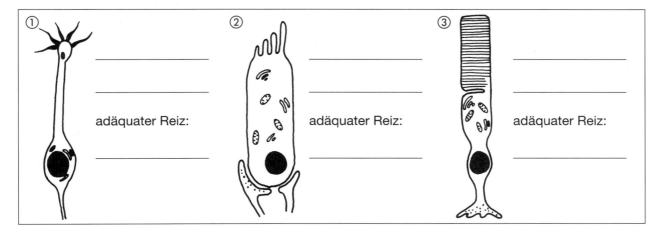

Arbeitsblatt: Die Nervenzelle

1. Benennen Sie die Teile der Nervenzelle eines Bewegungsnervs.

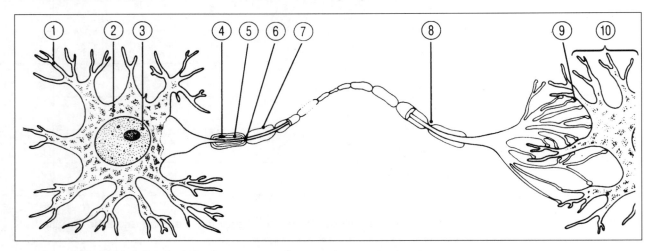

① _____

② _____

③ _____

④ _____

⑤ _____

⑥ _____

⑦ _____

⑧ _____

⑨ _____

⑩ _____

2. Die Abbildung rechts zeigt Nervenzellen im Gehirn in den zwei ersten Lebensjahren. Es handelt sich um Schnitte durch die Großhirnrinde, bei denen die Nervenzellen angefärbt wurden.
a) Beschreiben Sie mithilfe der Abbildungen das Wachstum von Nervenzellen.
b) Welche Faktoren beeinflussen die neuronale Entwicklung eines Säuglings positiv?

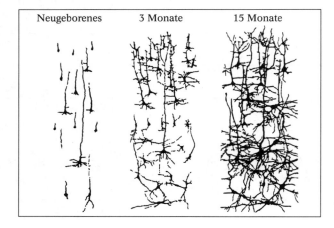

3. Welche Aussagen zu Nervenzellen sind richtig? Kreuzen Sie an und begründen Sie Ihre Entscheidung mündlich.

○ Nervenzellen können sich nach der Geburt nicht mehr teilen.

○ Alle Nervenfasern regenerieren nach Verletzungen.

○ Eine Regeneration von Nervenfasern ist nur möglich, wenn das Perikaryon nicht zerstört ist.

○ Alle Nervenzellen besitzen Dendriten.

○ Die Neuriten mancher Nervenzellen sind über einen Meter lang.

○ Im Gehirn des Menschen befinden sich über 14 Milliarden Nervenzellen.

Nervenfasern leiten Erregungen weiter

1. An der Membran einer Nervenzelle kann auch im Ruhezustand eine Spannung gemessen werden.
a) Geben Sie die Namen und Formelzeichen der beteiligten Ionen in der Legende an.
b) Benennen Sie die mit ① bis ③ gekennzeichneten Teile der Membran.
c) Man bezeichnet das Ruhepotential auch als Kalium-Diffusionspotential. Erklären Sie das Zustandekommen dieses Potentials.

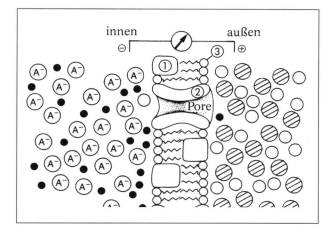

● _____
○ _____
◍ _____
Ⓐ organische Anionen A^-
① _____
② _____
③ _____

2. Wird die Nervenzelle erregt, so ändern sich die Eigenschaften der Membran grundlegend. Die Messwerte der Membranpotentiale zeigen den Verlauf eines Aktionspotentials. Erklären Sie mithilfe der Abbildung unten die Entstehung eines Aktionspotentials.

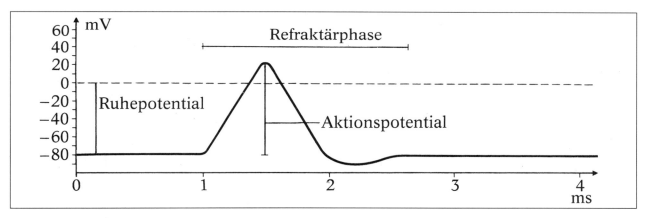

3. Vergleichen Sie die Weiterleitung des Aktionspotentials in den Nervenfasern. Ergänzen Sie dazu die Tabelle.

	marklose Nervenfaser	markhaltige Nervenfaser
Weiterleitung		
Geschwindigkeit		
Vorkommen beim Menschen		

Arbeitsblatt 4: Synapsen – Orte der Erregungsübertragung

1. Benennen Sie die Teile, die zu einer Synapse gehören.

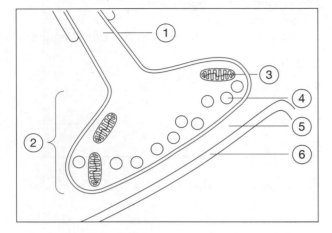

① _____

② _____

_____

③ _____

④ _____

⑤ _____

⑥ _____

2. Beschreiben Sie mithilfe der Abbildungen die Funktion einer erregenden Synapse.

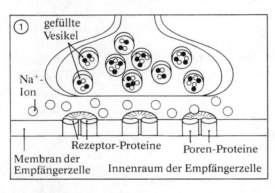
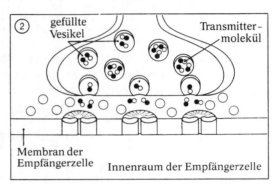
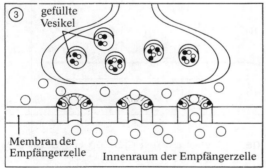
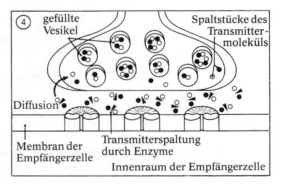

3. Welche Aussagen zur Synapse sind richtig? Kreuzen Sie an.

◯ Der synaptische Spalt beträgt etwa 20–35 nm.

◯ Eine Nervenzelle trägt jeweils einige hundert Synapsen auf ihrer Oberfläche.

◯ Alle Synapsenverbindungen sind mit dem 2. Lebensjahr festgelegt.

◯ Der am besten untersuchte Transmitter ist Acetylcholin.

◯ Es gibt erste Experimente, die zeigen, dass manche Nervenzellen in der Lage sind, zwei oder drei verschiedene Transmitter herzustellen.

Arbeitsblatt: Die motorische Endplatte 5

1. Die Abbildung 1 zeigt schematisch eine motorische Einheit.

a) Benennen Sie die mit ① bis ③ bezeichneten Teile.

① _____

② _____

③ _____

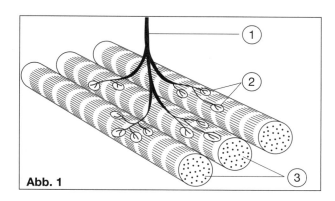

Abb. 1

b) Erläutern Sie mithilfe der Abbildung 1 den Begriff motorische Endplatte.

_____

_____

_____

_____

2. Die Abbildung 2 zeigt den Feinbau einer motorischen Endplatte.
a) Ordnen Sie den Zahlen die entsprechenden Begriffe zu.
b) Beschreiben Sie die Funktion der motorischen Endplatte bei Erregung.

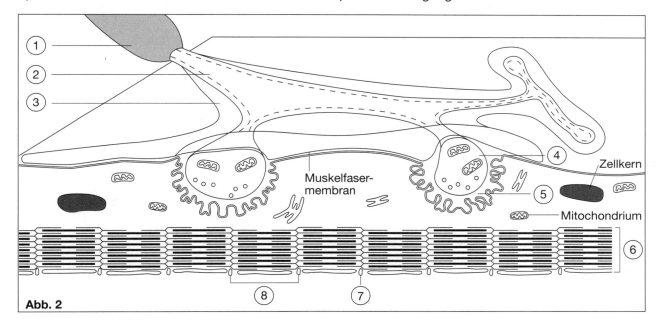

Abb. 2

① _____ ⑤ _____

② _____ ⑥ _____

③ _____ ⑦ _____

④ _____ ⑧ _____

Arbeitsblatt 6: Wirkung von Synapsengiften

Durch die Kenntnis der Erregungsübertragung an der neuromuskulären Synapse lassen sich heute die Wirkungen bestimmter Gifte auf den menschlichen Körper besser verstehen. Die Steckbriefe der Gifte geben jeweils die primäre Wirkung an.

Erklären Sie kurz, welche Folgen eine Anwendung der Gifte für die Erregungsübertragung und die Muskelkontraktion hat!

Tetradotoxin, ein Gift aus den Ovarien des Kugelfisches, blockiert die elektrisch stimulierten Natrium-Ionen-Kanäle

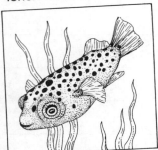

Botulinustoxin, das Gift von Bakterien (Chlostridium botulinum), die in verderbendem Fleisch leben, blockiert die Freisetzung synaptischer Vesikel (Acetylcholin). Ebenso wirkt **Taipoxin,** das Gift einer australischen Schlange.

Das **Toxin der Schwarzen Witwe** und das **β-Bungarotoxin** (ein Schlangengift) setzen dagegen schlagartig alle synaptischen Vesikel frei.

Nicotin, das Hauptgift der Tabakpflanze, wirkt wie Acetylcholin (Antagonist). Es wird jedoch von Acetylcholinesterase nicht abgebaut. Die tödliche Dosis für den Menschen liegt bei etwa 50 mg.

E 605 und andere organische Phophorverbindungen hemmen das aktive Zentrum der Acetylcholinesterase irreversibel. Sie werden synthetisch hergestellt und z. T. als Insektizide, aber auch als Kampfgase verwendet.

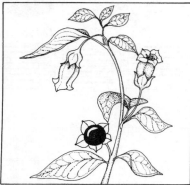

Atropin, das Gift der Tollkirsche, aber auch **Scopolamin,** das Gift des Stechapfels, blockieren die Acetylcholinrezeptoren. Atropin wird in geringen Mengen in der Augenheilkunde zur Pupillenweitung verwendet.

Curare, ein Pflanzengift, wird aus einer Liane gewonnen. Es wirkt als Antagonist des Acetylcholins und blockiert die Rezeptoren. Die Bindung ist hier reversibel. Das Gift wird in geringen Mengen zur Muskelentspannung bei Operationen eingesetzt.

Nervensysteme im Überblick

1. a) Geben Sie an, welche Formen von Nervensystemen dargestellt sind.
b) Geben Sie für ①, ③ und ④ jeweils zwei Tiergruppen oder Tierarten an, die ein solches Nervensystem besitzen.

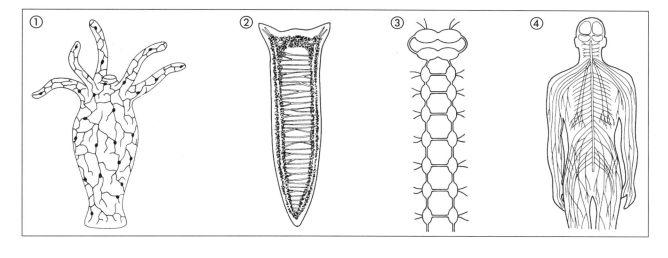

_____
_____
_____
_____

2. Ringelwürmer, Krebse, Spinnentiere und Insekten gehören zum Stamm der Gliedertiere. Die Organisation ihres Nervensystems ist ein wichtiges Mittel zur Klärung der Abstammungsverhältnisse.
a) Beschreiben Sie das Nervensystem der Gliedertiere.
b) Benennen Sie die gekennzeichneten Teile.

Ⓐ _____   Ⓓ _____

Ⓑ _____   Ⓔ _____

Ⓒ _____   Ⓕ _____

c) Ordnen Sie die unten abgebildeten Nervensysteme nach zunehmender Organisationshöhe und begründen Sie Ihre Entscheidung.
d) Die Abbildung unten zeigt das Nervensystem einer Biene. Erklären Sie das Vorhandensein ausgeprägter Ganglienknoten im Kopf- und Brustbereich.

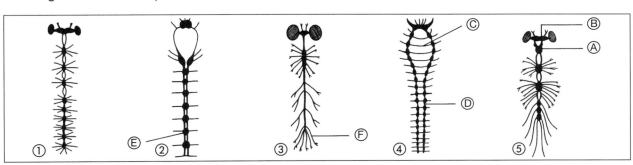

Arbeitsblatt 8: Wiederholung – das Nervensystem des Menschen

1. Ergänzen Sie den Lückentext zur Entwicklung und zum Bau des menschlichen Nervensystems.

Im Verlauf der _____ Schwangerschaftswoche bildet sich auf der Rückenseite des Embryos eine Verdickung, die Neuralplatte. Sie senkt sich in das Gewebe ein und bildet die Neuralrinne, später faltet sich diese zum _____. Die Zellen dieses _____ teilen sich häufig und differenzieren sich zu _____ oder _____zellen. Am vorderen Ende des Neuralrohrs entwickeln sich Bläschen, aus denen später die _____ hervorgehen.

Das Nervensystem des Menschen wird in verschiedene Bereiche gegliedert: Die vorwiegend dem Bewusstsein unterliegenden Teile fasst man zum _____ zusammen.

Das _____ Nervensystem ist dagegen der Bereich, der die unbewussten Körperreaktionen steuert. Es umfasst zwei antagonistische Systeme: den Parasympathicus („_____")
und den _____ („Verteidigung"). Das animalische Nervensystem besteht aus dem zentralen Nervensystem mit _____ und _____ und dem _____ Nervensystem. Bei Letzterem unterscheidet man Nervenbahnen, die vom zentralen Nervensystem wegführen (= efferente oder motorische Bahnen), und Nervenbahnen, die _____ (= _____ oder _____ Bahnen).

2. Ordnen Sie den Buchstaben und Ziffern der Abbildung die Bestandteile des menschlichen Nervensystems zu.

A _____

B _____

C _____

① _____

② _____

③ _____

④ _____

Arbeitsblatt Das Rückenmark – eine wichtige Schaltzentrale 9

1. Benennen Sie die gekennzeichneten Teile der Abbildung.

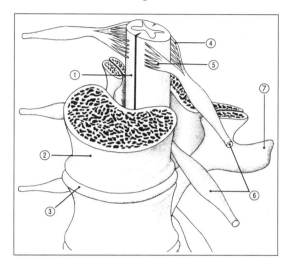

① _____

② _____

③ _____

④ sensibler Nerv

⑤ _____

⑥ _____

⑦ _____

2. Ein Reflex ist die einfachste Antwort des Nervensystems auf einen Reiz. Reflexe werden vorwiegend im verlängerten Mark und im Rückenmark geschaltet.
a) Benennen und beschreiben Sie die dargestellten Reflexe.
b) Ergänzen Sie die Tabelle zum Vergleich von Eigen- und Fremdreflexen.

Eigenreflex	**Fremdreflex**
hemmendes Neuron sensorisches Neuron Strecker Beuger motorisches Neuron (Strecker) motorisches Neuron (Beuger)	Schaltneuronen sensorisches Neuron motorisches Neuron Schmerzreiz
allgemeine Merkmale:	allgemeine Merkmale:
z. B.:	z. B.:

Arbeitsblatt 10: Das vegetative Nervensystem

Tragen Sie alle fehlenden Informationen zusammen und ergänzen Sie die Steckbriefe.

Aufgaben des vegetativen Nervensystems:

Kontrollinstanzen sind:

Das vegetative Nervensystem ist weitgehend autonom. Seine Selbstständigkeit ist jedoch begrenzt. **Beispiele** dafür sind:

Wirkungen des vegetativen Nervensystems auf bestimmte Organe:

- Ⓐ A = Anregung
- Ⓚ K = Kontraktion
- Ⓔ E = Entspannung
- Ⓗ H = Hemmung

	Sympathicus	Parasympathicus	
Auge			
	Ⓔ Pupille (Ferneinstellung)	Pupille Tränendrüsen	
Unterzungenspeicheldrüse			
	dickflüssiger Speichel	wässriger Speichel	
Herz			
	Frequenz	Frequenz	Ⓗ
Bronchien			
	○ Muskulatur	Sekretion Muskulatur	
Magen, Darm			
	○ Muskel	Sekretion	A
	Schließmuskel	Schließmuskel	○
Gallenblase			
	Ⓔ		K
Bauchspeicheldrüse			
	Ⓗ Sekretion	Sekretion	
Nebennierenmark			
	Sekretion		
Harnleiter			
			K
Harnblase			
	Ⓗ Entleerung Schließmuskel	Entleerung	

Bau des Sympathicus:

allgemeine Funktion:

Bau des Parasympathicus:

allgemeine Funktion:

Autogenes Training

Ziel:

Sinn:

Arbeitsblatt: Bau und Funktion des Gehirns

1. Benennen Sie die einzelnen Gehirnteile.

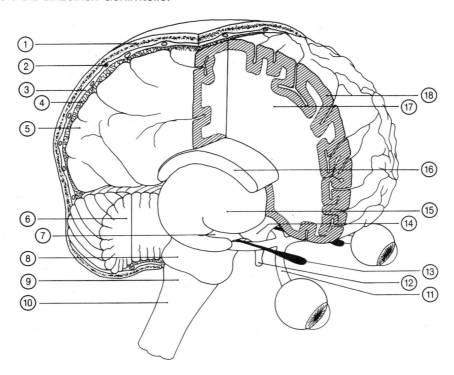

① _____

② Blutgefäß

③ _____

④ _____

⑤ innere Hirnhaut

⑥ _____

⑦ _____

⑧ _____

⑨ _____

⑩ _____

⑪ _____

⑫ _____

⑬ Riechkolben

⑭ _____

⑮ Thalamus, Teil des Zwischenhirns

⑯ _____

⑰ _____

⑱ _____

2. Ordnen Sie den Funktionen die richtige Nummer zu.

a) Schutz und äußere Stabilität des Gehirns ○

b) Bewegungs- und Gleichgewichtskontrolle ○

c) Verbindung zwischen Gehirn und Rückenmark, Atemzentrum ○

d) Leitung der optischen Information vom Auge zum Gehirn ○

e) oberste Instanz der Hormondrüsen, Herstellung von Hormonen ○

f) Verbindung zwischen rechter und linker Großhirnhemisphäre ○

Arbeitsblatt 12: Die Rindenfelder des Großhirns

1. Benennen Sie die entsprechenden Rindenfelder des Großhirns.

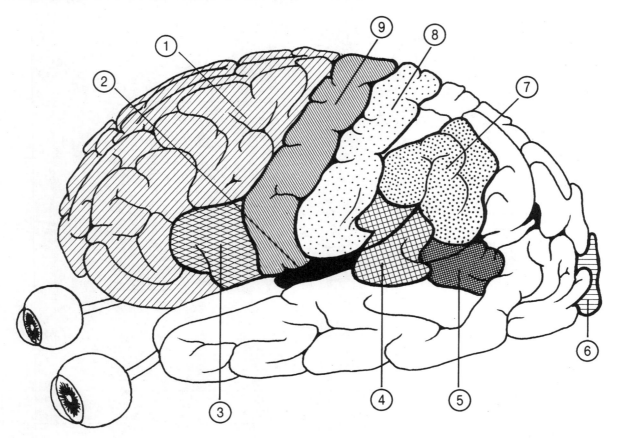

① _____   ⑥ _____

② _____   ⑦ _____

③ _____   ⑧ _____

④ _____   ⑨ _____

⑤ _____

2. Tragen Sie mindestens drei Methoden zusammen, die eine Hirnkartierung ermöglichen. Beachten Sie auch historische Methoden.

3. Eine Patientin erlitt 1985 einen Schlaganfall. Anfangs konnte sie ihre rechte Körperhälfte nicht bewegen und keine Worte mehr hervorbringen. Ihre Sprachstörung betraf vor allem die Produktion von Wörtern und Sätzen. Was andere sagten, konnte sie meist verstehen, die Sprache war in ihrem Gehirn noch „repräsentiert". Sie lernte dann in mehreren Jahren wieder „normal" sprechen.
a) Notieren Sie mögliche Ursachen für den Schlaganfall.
b) Geben Sie Ursachen der beschriebenen Teilausfälle an. Welche Rindenfelder sind betroffen?
c) Wie ist das Ausheilen erklärbar?

Arbeitsblatt: Denken — 13

1. Welche Aussagen zum Denken sind richtig? Kreuzen Sie an. *richtig / falsch*

- Das Denken ist noch nicht vollständig erforscht.
- Denken ist immer ein systematisches, logisches Schließen und ein Kombinieren von Begriffen.
- Denken erfolgt häufig automatisiert und intuitiv, d.h., es wird uns häufig nicht bewusst.
- Auch mit bildhaften Modellen und dem Vorstellen von Szenen kann man erstaunliche Denkleistungen vollbringen.
- Denken beginnt mit Unzufriedenheit. Man weiß etwas noch nicht.
- Wenn man über etwas nur wenig weiß, neigt man dazu, unbewusst etwas Beliebiges zu ergänzen. (= Ankereffekt)
- Effektives Denken ist nur möglich, wenn man mit höchster Aufmerksamkeit ständig über eine Sache nachdenkt.

2. Lesen Sie folgende Geschichte.
a) Schildern Sie Ihren Eindruck nach dem Lesen.
b) Suchen Sie eine Lösung.
c) Wie kommt es, dass die Lösung nicht einfach zu finden ist?

> Ein Chirurg fährt seinen Sohn zur Schule. Mitten auf dem Bahnübergang bleibt das Auto plötzlich stehen. Verzweifelt versucht der Vater, das Auto zu starten, als er den Zug herannahen hört – doch vergebens. Der Zug erfasst das Auto. Der Vater wird getötet, der Sohn schwer verletzt ins Krankenhaus eingeliefert. Ein Mitglied des Chirurgenteams beugt sich über das Kind und stöhnt entsetzt: „Um Gottes Willen, mein Sohn!"

3. Lösen Sie folgende Aufgaben. Wie sind Sie vorgegangen?

a) Die Ziegen weiden auf dem Kohlfeld. Ziehen Sie drei gerade Zäune, um die Tiere von den Kohlköpfen zu trennen.

b) Streichholzprobleme
Durch Verlegen von drei Streichhölzern soll eine Figur aus fünf gleich großen Quadraten entstehen.

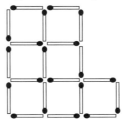

Formen Sie aus sechs Streichhölzern eine Figur aus vier gleichseitigen Dreiecken, wobei alle Seiten Streichholzlänge haben sollen.

Gedächtnis und Gedächtnisprozesse beim Menschen

Arbeitsblatt 14

1. Das dargestellte Modell entspricht der gängigen Einteilung in drei Gedächtnisformen.

Ordnen Sie folgende Aussagen dem Modell zu. Tragen Sie dazu die entsprechenden Ziffern ein.
① Sinnesinformationen werden für etwa 0,25 s gespeichert.
② Wiedererkennen ist seine einfachste Leistung.
③ Komplizierte Netze, neu geknüpfte Verschaltungen oder Proteine könnten die Speicherleistung ermöglichen.
④ Information kann für etwa 30 s gespeichert werden.
⑤ Der Speicher hat begrenzte Kapazitäten (etwa 5–9 Elemente).
⑥ Erhöhte Aufmerksamkeit ermöglicht den Übergang.
⑦ Er kann beliebig viele Informationen für beliebig lange Zeit speichern.
⑧ Veränderungen in Synapsen, kreisförmige Schaltungen und einfache Netze sollen nach heutigem Wissensstand die Speicherleistung ermöglichen.
⑨ Erinnern und Reproduzieren entwickeln sich später als das Wiedererkennen, verbessern sich bis zum Erwachsenenalter und nehmen später wieder ab.
⑩ Die Information ist nicht mehr unmittelbar zugängig.
⑪ Er wird manchmal noch in den mittelfristigen (Speicherzeit Minuten – Tage) und den langfristigen Speicher (unbegrenzt) unterteilt.

2. Werten Sie folgende Diagramme aus und deuten Sie die Untersuchungsergebnisse.

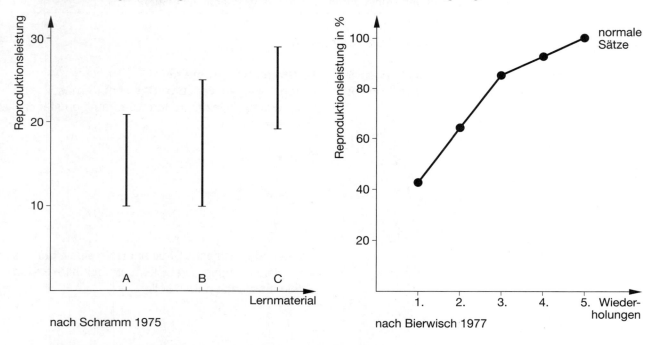

- Bei A werden 30 Paare willkürlich verknüpfter Zahlen zwei Sportarten gelernt.
- Bei B werden sinnvolle berufsneutrale Sätze gelernt.
- Bei C wird ein zusammenhängender sinnvoller, berufsbezogener Text gelernt.

Experimentelle Untersuchungen zu Lern- und Denkstrategien

1. Diskutieren Sie verschiedene Lern- und Gedächtnisstrategien. Stellen Sie zusammen, welche Strategien besonders häufig genutzt werden und bewerten Sie diese.

Strategie	Häufigkeit	Bewertung
aktives Wiederholen		
Gruppieren, hierarchische Systeme bilden		
elaborative Strategien (z. B. bildhafte Verknüpfung, dem Lernmaterial wird eine Ausarbeitung hinzugefügt)		
Wesentliches hervorheben (z. B. wichtigste Ideen unterstreichen)		
Zeit nehmen		
mit hoher Aufmerksamkeit arbeiten		
Motivationsprozesse nutzen (z. B. persönliche Bedeutsamkeit festlegen)		
Gelerntes organisieren und mit Vorwissen verknüpfen		

2. Um Denkstrategien zu ermitteln und zu vergleichen wurde auch der Umgang mit komplexen Problemstellungen durch Planungsverhalten untersucht. Die Testpersonen erhielten folgende Aufgabe:

> Sie kommen um 16.00 Uhr von der Schule nach Hause, morgen beginnt Ihr Campingurlaub. Zur Vorbereitung müssen Sie noch 20 Lebensmitteldosen einkaufen, Ihren Chef am Bahnhof zwischen 18.08–18.11 Uhr treffen, Ihre Freundin treffen (Bus fährt 17.50 Uhr, den nimmt sie) und Geld holen. Die Skizze gibt Lage und Wegezeiten an, die Sie zu Fuß brauchen. Sie starten 16.20 Uhr an der Wohnung.
>
> Folgende Variationen sind möglich: Sie nehmen ein Fahrrad (Reparaturzeit eine Stunde, Wegezeit nur noch $1/3$ der angegebenen Zeiten). Ihr Freund holt das Geld, dann müssen Sie es von 17.00–17.15 Uhr zu Hause entgegennehmen.

a) Entwickeln Sie eine Liste, um alle Tätigkeiten unter Einhaltung der Zeitmarken zu realisieren.

b) Testen Sie eine oder zwei Personen (möglichst jüngere Schüler, Elternteil, Schüler einer anderen Schulart wie Berufsgymnasium u. a.).

c) Tragen Sie im Kurs Ihre Ergebnisse zusammen und werten Sie aus.

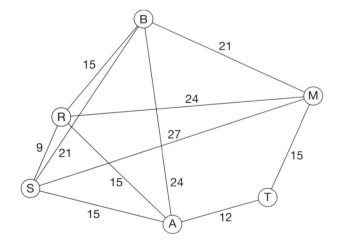

A = Wohnung
M = Treffpunkt Bus
S = Supermarkt
B = Bank (offen bis 17.30)
R = Fahrradreperatur
T = Treff am Bahnhof

Erkrankungen des Nervensystems

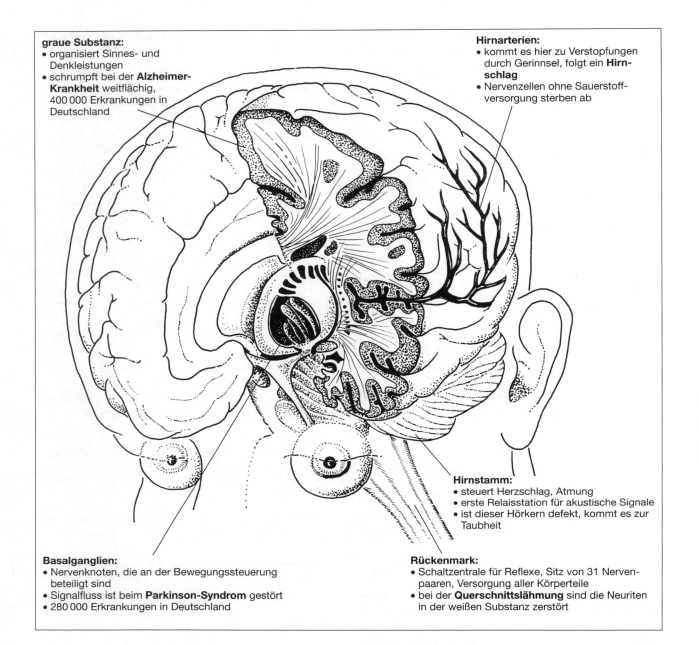

graue Substanz:
- organisiert Sinnes- und Denkleistungen
- schrumpft bei der **Alzheimer-Krankheit** weitflächig, 400 000 Erkrankungen in Deutschland

Hirnarterien:
- kommt es hier zu Verstopfungen durch Gerinnsel, folgt ein **Hirnschlag**
- Nervenzellen ohne Sauerstoffversorgung sterben ab

Hirnstamm:
- steuert Herzschlag, Atmung
- erste Relaisstation für akustische Signale
- ist dieser Hörkern defekt, kommt es zur Taubheit

Basalganglien:
- Nervenknoten, die an der Bewegungssteuerung beteiligt sind
- Signalfluss ist beim **Parkinson-Syndrom** gestört
- 280 000 Erkrankungen in Deutschland

Rückenmark:
- Schaltzentrale für Reflexe, Sitz von 31 Nervenpaaren, Versorgung aller Körperteile
- bei der **Querschnittslähmung** sind die Neuriten in der weißen Substanz zerstört

1. Bereiten Sie ein Kurzreferat über zwei der hier erwähnten Erkrankungen des Nervensystems vor. Informieren Sie sich dazu über *Ursachen*, *Krankheitsbild* und *Therapiemöglichkeiten*.

2. In der modernen Hirnforschung werden zur Zeit folgende neue Methoden diskutiert und erprobt:
   I – Einsatz von embryonalen Hirnzellen von Schwein oder Mensch
   II – Einsatz von Siliciumchips als Implantate
   III – neue Medikamente wie Wuchsstoffe für Hirnzellen oder Transmittersubstanzen, die die Denkleistungen und Gefühle eines Menschen beeinflussen sollen

Informieren Sie sich zu einem Verfahren genauer. Sammeln Sie Argumente für und gegen den Einsatz solcher Methoden beim Menschen. Zeigen Sie dazu *Grenzen* und *Möglichkeiten* dieser Methode auf.

Arbeitsblatt: Das Nervensystem steuert und regelt verschiedene Körperfunktionen — 17

1. Die Abbildung zeigt das Schema der Temperaturregelung. Ergänzen Sie die entsprechenden Begriffe des Regelsystems ①–⑤.

2. Erläutern Sie anhand des Schemas die Temperaturregelung.

3. Bei Fieber (39 °C) ist der Sollwert verstellt. Erläutern Sie die Reaktion des Körpers.

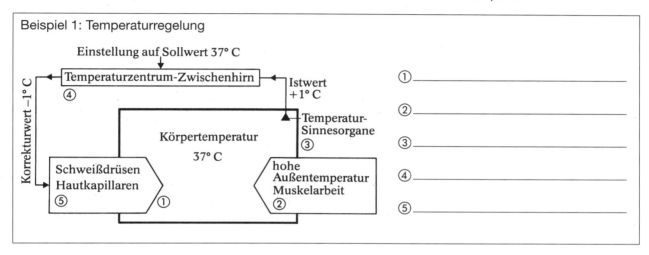

Beispiel 1: Temperaturregelung

① _____
② _____
③ _____
④ _____
⑤ _____

4. Das Nervensystem ist auch an der Regelung und Steuerung des Blutzuckerspiegels beteiligt. Ordnen Sie in der Abbildung unten den Zahlen ①–⑬ die entsprechenden Begriffe zu.

5. Versehen Sie Stellglieder und Störgrößen mit ⊕ („erhöhen") bzw. ⊖ („senken") je nach Wirkung auf den Blutzuckerspiegel.

6. Erläutern Sie das Regelsystem. Gehen Sie von Nahrungsaufnahme aus.

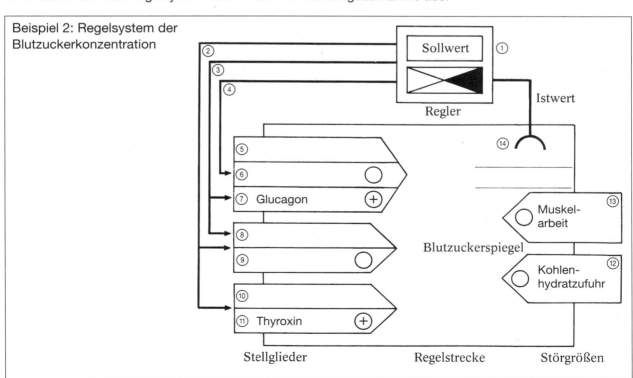

Arbeitsblatt 18: Stress – Nervensystem und Hormonsystem wirken zusammen

1. In der Abbildung sind schematisch die Reaktionen des Körpers in einer Stresssituation dargestellt. Ordnen Sie den Nummern die richtigen Begriffe zu.

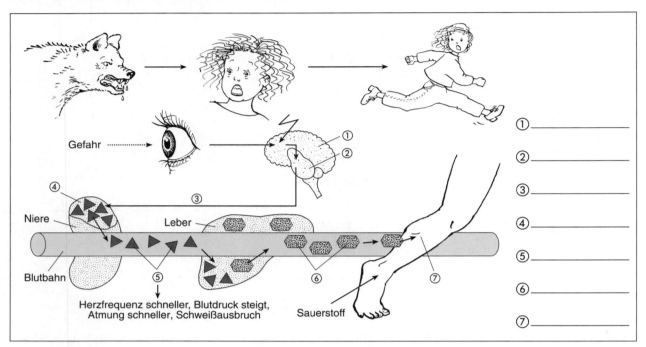

① _____
② _____
③ _____
④ _____
⑤ _____
⑥ _____
⑦ _____

2. a) Vergleichen Sie die physiologischen Werte eines Prüflings im Abitur mit den Normalwerten. Erklären Sie die Unterschiede.
b) Ergänzen Sie die Übersicht zur Steuerung der geschilderten Stresszustände. Geben Sie dabei die Wirkungen des Sympathicus an.

	Pulsschläge pro min	Atemzüge pro min	Bewegungen	Körpertemperatur
Prüfling während der Abiturarbeit	>100 (max. 170)	18	motorische Unruhe oder Starre	37,4 °C
normale Situation	72	14	–	36,8 °C

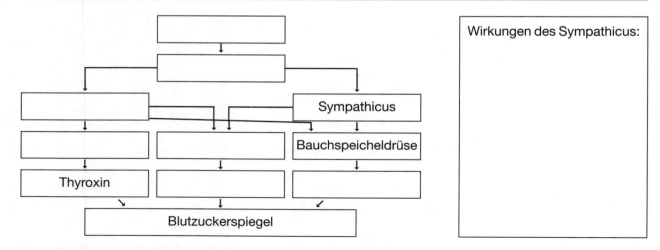

3. a) Erklären Sie den biologischen Sinn dieser Reaktionen aus evolutionstheoretischer Sicht.
b) Welche Gefahren birgt dieses „Erbe" für unsere heutige Zeit?

Reizbarkeit bei Pflanzen

1. Nicht nur Menschen und Tiere, sondern auch Pflanzen reagieren auf Reize. Ergänzen Sie folgenden Lückentext.

Pflanzen registrieren und beantworten vor allem _____ und mechanische Reize, z. B. durch die _____ der Erde, durch Berührungen und Erschütterungen. Auch Temperaturreize, _____ und elektrische Auslöser spielen eine Rolle.

Häufig sind einzelne Organteile der Pflanze sensibler als andere Teile. Fest sitzende Pflanzen reagieren dabei mit Bewegungen. Unterschieden werden zwei Formen: _____, bei denen eine Krümmungsbewegung in Beziehung zur Reizrichtung beobachtet wird, und _____, bei denen die von außen induzierte Bewegung _____ von der Reizrichtung ist. Sie wird nur durch den Bau des betreffenden Organs bestimmt. Ursache der Bewegungen können hier _____ oder _____schwankungen sein.

Frei bewegliche Pflanzen wie begeißelte Grünalgen reagieren auf Reize mit einer gerichteten Ortsbewegung – man spricht von _____.

2. Die Abbildungen zeigen verschiedene Reize mit den entsprechenden Reaktionen der Pflanzen. Beschreiben Sie kurz die Versuche mit den entsprechenden Ergebnissen und dem Fachbegriff für die jeweilige Bewegungsform.

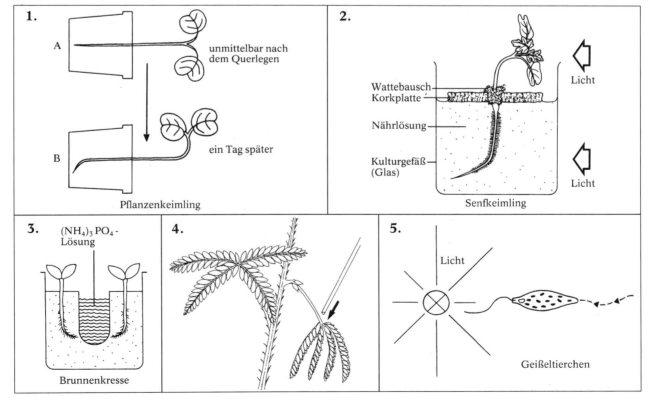

Klausur- und Prüfungsaufgaben – Neurophysiologie

1. Fertigen Sie eine beschriftete Zeichnung eines typischen Wirbeltierneurons an.

2. Beschreiben Sie die Vorgänge an einer nicht erregten Nervenfaser.
Gehen Sie dabei auf das Zustandekommen und die Aufrechterhaltung des Ruhepotentials ein. Beachten Sie auch die Tätigkeit der Natrium-Kalium-Pumpe.

3. An frei präparierten Riesenaxonen vom Tintenfisch lässt sich über längere Zeit das gleiche Ruhepotential messen. Nun werden bestimmte Versuchsbedingungen verändert:
a) Abwesenheit von Sauerstoff,
b) Abkühlen der Umgebungstemperatur von 25 °C auf 5 °C,
c) zum Außenmedium, das das Axon umspült, wird destilliertes Wasser zugegeben.
Welche Auswirkungen haben die Versuche jeweils auf die Potentialdifferenz? Begründen Sie Ihre Überlegungen.

4. Die Abbildung zeigt die Versuchsdurchführung einer Neuronenuntersuchung. Auf dem Neuron sitzen Synapsen von drei weiteren Nervenzellen. Die Elektrode A befindet sich im Axonhügel, die Elektrode B im Umgebungsmedium. Es werden künstliche elektrische Reize von 1 ms Dauer an die gekennzeichneten Stellen gesetzt.
Es ergeben sich folgende Messwerte:

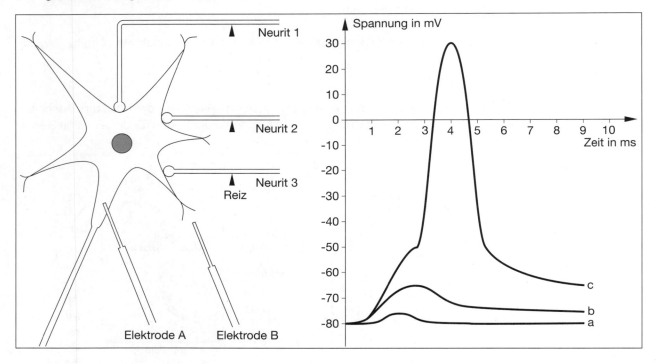

Kurve a: Neurit 1 wird elektrisch gereizt.
Kurve b: Neurit 1 und Neurit 2 werden gleichzeitig elektrisch gereizt.
Kurve c: Neurit 1, Neurit 2 und Neurit 3 werden gleichzeitig elektrisch gereizt.

a) Wie ist die Elektrode A aufgebaut? Welche Funktion erfüllt sie? Welche Funktion erfüllt ein angeschlossenes Messgerät?
b) Werten Sie die Messergebnisse anhand der Kurven aus.
c) Welcher Kurvenverlauf wäre im Vergleich zu Kurve a zu erwarten, wenn nur Neurit 3 an der gekennzeichneten Stelle gereizt würde?
d) Wie ließe sich experimentell eine Kurve wie c durch ausschließliche Reizung von Neurit 1 erreichen?

Themenübergreifende Aufgaben 21

Material: ① Schema zur Erregungsübertragung an einer Synapse

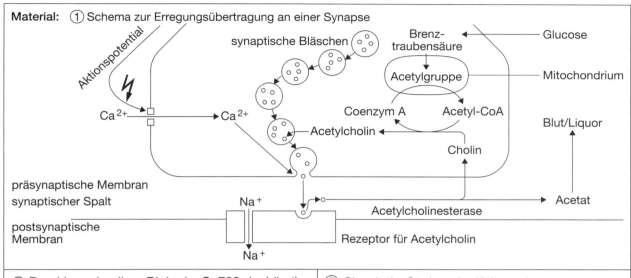

② Brockhaus Lexikon Biologie, S. 783, (gekürzt):

Schlangengifte, Ophiotoxine, chemisch sehr komplizierte und bei den einzelnen Schlangengattungen und -arten verschieden zusammengesetzte Substanzen...

1) Neurotoxine: Sie wirken curareartig lähmend, Tod durch Atemstillstand, z.B. Kobratoxin.

2) Kardiotoxine: Durch Krämpfe der glatten, quergestreiften und Herzmuskelzellen kommt es bei hohen Dosen zum Herzstillstand.

3) Proteaseinhibitoren: Entfalten ihre toxische Wirkung durch Hemmung der Enzyme, die an der Erregungsleitung und -übertragung beteiligt sind.

③ Chemische Struktur des Kobratoxin

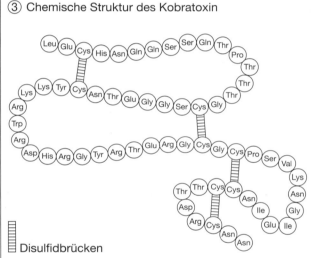

Aufgaben:

1. Im Synapsenendknöpfchen befinden sich viele **Mitochondrien**.
a) Warum ist ihre Anzahl hier höher als in den meisten anderen Zellen bzw. Zellteilen?
b) Erklären Sie die allgemeine Funktion der Mitochondrien.
c) Beschreiben Sie den Ablauf der Glykolyse bei der Zellatmung.

2. Die Acetylcholinesterase ist ein wichtiges Enzym im synaptischen Spalt der neuromuskulären Synapse. Erklären Sie an diesem Beispiel die Wirkungsweise eines Enzyms.

3. Das Gift der indochinesischen Kobra enthält Kobratoxin. Experimente mit radioaktiv markiertem Kobratoxin zeigen, dass dieses Nervengift mit der Transmittersubstanz Acetylcholin konkurriert.
a) Beschreiben Sie die chemische Struktur dieses Giftes.
b) Erklären Sie seine Wirkung genau.

4. Das Biologie-Lexikon erwähnt als eine weitere Schlangengiftgruppe die Proteaseinhibitoren.
a) Erläutern Sie mithilfe Ihrer Kenntnisse aus der Neurophysiologie, worauf die toxische Wirkung beruht.
b) Beschreiben Sie die Folgen.

Arbeitsblatt 22: Wiederholung – angeborenes Verhalten

1. Unter unseren heimischen Vögeln ist der Kuckuck der Einzige, der anderen Vögeln sein Ei ins Nest legt. Durch diese Aufzucht von Pflegeeltern kommt ein junger Kuckuck mit seinen genetischen Eltern nicht in Berührung.
Entscheiden Sie, welche Handlungen eines Kuckucks angeboren sind. Kreuzen Sie die entsprechende Nummer an.

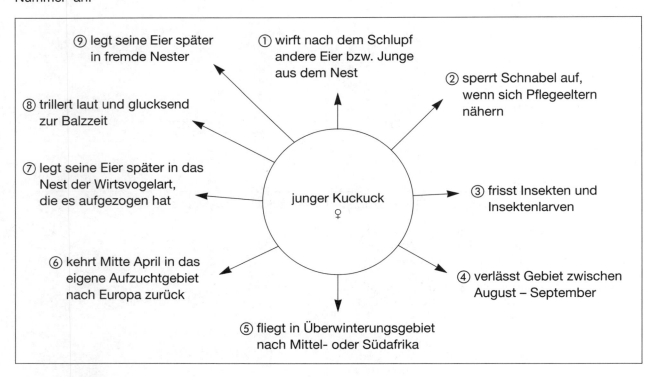

① wirft nach dem Schlupf andere Eier bzw. Junge aus dem Nest
② sperrt Schnabel auf, wenn sich Pflegeeltern nähern
③ frisst Insekten und Insektenlarven
④ verlässt Gebiet zwischen August – September
⑤ fliegt in Überwinterungsgebiet nach Mittel- oder Südafrika
⑥ kehrt Mitte April in das eigene Aufzuchtgebiet nach Europa zurück
⑦ legt seine Eier später in das Nest der Wirtsvogelart, die es aufgezogen hat
⑧ trillert laut und glucksend zur Balzzeit
⑨ legt seine Eier später in fremde Nester

2. a) Definieren Sie den Begriff angeborenes Verhalten.
b) Warum ist es so schwierig, angeborene Verhaltensweisen zu erkennen?

3. Rosenköpfchen Ⓐ und Pfirsichköpfchen Ⓑ sind zwei eng verwandte Arten aus der Gruppe der Unzertrennlichen. In Gefangenschaft gibt es sogar fruchtbare Bastarde Ⓒ zwischen beiden. Die Abbildungen zeigen das Verhalten beim Transport von Nistmaterial.

a) Beschreiben Sie das jeweilige Transportverhalten.
b) Wodurch könnte das Verhalten beim Bastard bestimmt sein?
c) Beschreiben Sie eine geeignete Methode, um herauszufinden, ob dieses Verhalten wirklich angeboren ist.

Arbeitsblatt Angeborenes Verhalten – Instinkthandlungen   23

1. Ein Kuckucksjunges wird von seinen Wirtseltern gefüttert, auch wenn es schon viel größer ist als diese und ihnen gar nicht ähnelt.
Stellen Sie Vermutungen an, warum die Eltern den Kuckuck trotzdem füttern.

2. Setzen Sie sich kritisch mit dieser Abbildung auseinander. Stellen Sie den Sachverhalt dann richtig.

Arbeitsblatt 24: Instinktverhalten – Instinkt-Lern-Verschränkung

1. Beim Instinktverhalten handelt es sich um angeborenes Verhalten. Es läuft in verschiedenen aufeinander folgenden Phasen ab. Beschreiben Sie den Ablauf des Beutefangverhaltens einer Löwin mithilfe der Bildreihe. Verwenden Sie die entsprechenden ethologischen Fachbegriffe.

2. G. B. SCHALLER beobachtete Löwen in der Serengeti. Er notierte dabei die Fangerfolge von Löwen unter verschiedenen Bedingungen. Werten Sie die Tabelle aus und erklären Sie die Fangerfolge.

Jagd bei Tag	21	Jagd bei Nacht (meist Mondlicht)	33
kaum Deckung	12	Dickicht am Fluss	41
Jagd mit dem Wind	7	Jagd gegen den Wind	18,5
ein Löwe jagt allein	15	kooperativ jagende Gruppe	29
anvisierte Beute: Gnuherde (2 bis 10 Tiere)	13	anvisierte Beute: ein Gnu	47

3. Man hat beobachtet, dass sich junge Löwen bei der Gruppenjagd ungeschickt verhalten. So treiben sie z. B. die Beuteherde in die Flucht, bevor die mitjagenden Löwen ihre Lauerposition gegenüber erreicht haben.
Deuten Sie dieses Verhalten.

| **Arbeits-blatt** | **Instinktverhalten – Handlungsketten** | 25 |

Die Abbildungen zeigen das Paarungsverhalten des Dreistacheligen Stichlings. Hier folgen mehrere Handlungen aufeinander, um die Sexualpartner einzustimmen. Die gezeigte Handlung des einen liefert den Auslöser für die Folgehandlung. Ergänzen Sie stichpunktartig die Handlungen und die Auslöser (Schlüsselreize). Hier handelt es sich um eine idealisierte Handlungskette. Bestimmte Handlungen können in der Natur wiederholt oder übersprungen werden. Manchmal brechen die Ketten einfach ab.

Phase	Männchen	Weibchen
1	A: „Hochzeitsfrack": roter Bauch	
2	♂ tanzt im Zick-Zack	
3		folgt ihm (schwimmen Richtung Nest) A: dicker, silberglänzender Bauch
4		
5	stößt mit seiner Schnauze gegen die Schwanzwurzel des ♀ A: Schnauzentriller	

Arbeitsblatt 26: Erkundungs- und Spielverhalten

1. Eine Labormaus wird in die Mitte eines Käfigs gesetzt, der ihr unbekannt ist. Der Käfig ist mit verschiedenen Gegenständen ausgestattet.

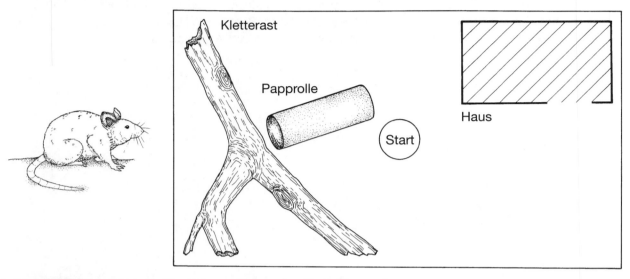

a) Stellen Sie Vermutungen über die nun folgenden Verhaltensweisen an.
b) Zeichnen Sie den Beginn eines möglichen Weges der Maus ein.

2. Nennen Sie andere Beispiele für Tiere, die besonders neugierig sind und ein ausgeprägtes Erkundungsverhalten zeigen.

_____

_____

_____

3. Die Abbildungen zeigen junge Katzen beim Spiel.

a) Welche Voraussetzungen müssen erfüllt sein, damit Tiere spielen?
b) Geben Sie allgemeine Merkmale des Spielverhaltens an.
c) Begründen Sie, warum Spielen biologisch sinnvoll ist.

Arbeitsblatt: Lernen – die SKINNER-Box

1. Zur Untersuchung von Lernvorgängen entwickelte der amerikanische Psychologe SKINNER eine Lernbox. Eine solche Apparatur, die man nach ihrem Erfinder als SKINNER-Box bezeichnet, funktioniert folgendermaßen: Wenn man auf einen Hebel drückt, so wird ein Füttermechanismus ausgelöst. Aus einem Vorratsbehälter fällt ein Futterkorn in einen Futternapf. Eine hungrige Ratte wird in die SKINNER-Box gesetzt.

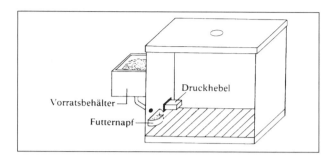

a) Beschreiben Sie kurz das Verhalten des Tieres mithilfe der Bildreihe.

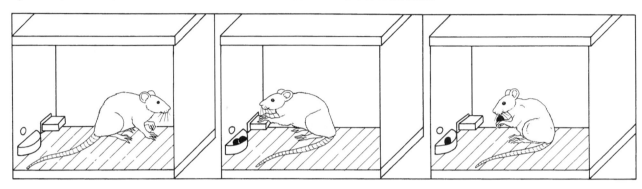

b) In den ersten zwei Stunden drückt die Ratte relativ selten auf die Taste. Dann bleibt sie neben dem Hebel und drückt ihn häufig.
Was hat die Ratte gelernt? Auf welche Weise hat sie es gelernt?
c) Man setzt dieselbe Ratte einen Tag später wieder in die Box. Was erwarten Sie?

2. Lernprozesse kann man in zwei Gruppen einteilen. Ergänzen Sie die Übersicht.

obligatorisches Lernen	
Es sind Lernvorgänge, die	
z. B.	

Arbeitsblatt: Lernen – bedingte Reaktionen 28

Geben Sie zu jeder Abbildung die Art der bedingten Reaktion an. Ergänzen Sie dann die Aufzeichnungen zum dargestellten Verhalten.

PAWLOW führte zu Beginn des 20. Jahrhunderts Versuche mit Hunden durch. Er beobachtete, dass Hunde beim Anblick von Futter mit Speichelfluss reagieren. Diese Reaktion ist ein unbedingter Reflex. Dann führte er folgenden Versuch durch:

_____
_____
_____
_____

Eine verwilderte Katze jagt in der Nähe einer alten verlassenen Scheune und findet reichhaltige Beute:

_____
_____
_____
_____

Ein junges Wildkaninchen knabbert an einer Brennnessel:

_____
_____
_____
_____

Waldi geht es schlecht. Er soll zum Tierarzt. Der Hund sträubt sich, Hof oder gar die Praxisräume zu betreten. Da fällt es seinem Herrchen wieder ein:

_____
_____
_____
_____

Arbeitsblatt: Lernen bei Vögeln

29

Die folgenden Situationen beschreiben verschiedene Lernformen bei Vögeln.
Geben Sie jeweils die Lernform an und notieren Sie typische Merkmale dieser Lernform.

Stockente

Austernfischer

Amsel — Sperber (Stopfpräparat)

Kognitive Leistungen bei Tieren

Arbeitsblatt 30

1. In Amerika arbeitet die Biologin IRENE PEPPERBERG mit einem Graupapageien. Sie betreut und trainiert „Alex" schon mehrere Jahre. Er kann Formen, Mengen, Farben und Materialien unterscheiden.

Bei einer Übung werden ihm unterschiedlich gefärbte quadratische Holzstücke gezeigt. Auf die Frage: „Was ist verschieden?" antwortet Alex: „Die Farbe." Auf die Frage: „Was ist gleich?" antwortet er: „Die Form." Man könnte ihn auch fragen, woraus die Quadrate bestehen und bekäme die richtige Antwort: „Aus Holz."

Analysieren Sie dieses Beispiel und finden Sie heraus, welche kognitiven Leistungen der Graupapagei Alex zeigt.

2. Die Schimpansin Lona hatte vor diesem Versuch Folgendes erlernt: Sie zog Gegenstände, die außerhalb ihres Käfigs lagen und die sie mit den Händen nicht erreichen konnte, mit einem daran befestigten Seil bis in ihre direkte Reichweite heran. Sie hatte außerdem vielseitige Erfahrungen im Umgang mit Seilen gesammelt.

Man stellte Lona vor folgendes Problem: Ein Korb Bananen steht vor dem Käfig. Durch einen Korbhenkel ist ein Seil gezogen. Beide Enden des Seiles liegen weit auseinander.

Lona zog an einem Ende des Seiles. Dadurch wurde dieses aus dem Henkel herausgezogen. Anschließend wurde die ursprüngliche Versuchsanordnung wieder hergestellt. Lona wiederholte ihre erste Handlung, wieder ohne Erfolg, bekam einen Wutanfall, zog aber dann nicht wieder an dem Seil.

Lona setzte sich ruhig in eine Käfigecke vorn am Gitter und blickte sehr konzentriert und aufmerksam umher. Ihre Blicke wanderten zum Korb, zu den beiden Enden des Seils und immer wieder zu einer anderen Schimpansin, zu der sie ein besonders freundschaftliches Verhältnis hatte.

Die Abbildung zeigt, wie Lona das Problem löste.

a) Beschreiben Sie das mögliche Problemlöseverhalten mithilfe der Abbildung.

b) Warum handelt es sich um einsichtiges Verhalten?

Wiederholung – Soziale Strukturen

1. Die Abbildungen zeigen Ihnen Beispiele für verschiedene Formen des Zusammenlebens. Benennen Sie diese und tragen Sie je ein weiteres Beispiel ein.

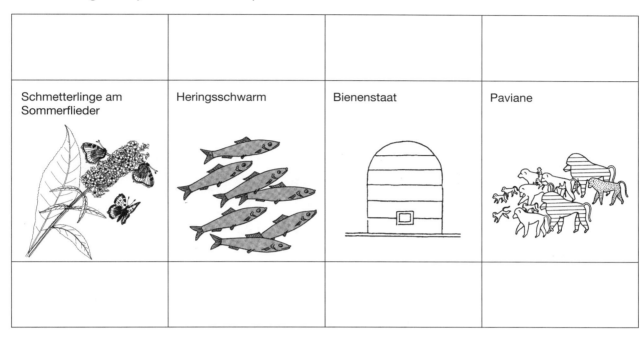

Schmetterlinge am Sommerflieder	Heringsschwarm	Bienenstaat	Paviane

2. Von den heute lebenden 20 000 Fischarten bilden etwa 4000 Arten riesige Fischschwärme. Weitere 6000 Arten bilden Gruppen. Erklären Sie mögliche Vorteile dieses Verhaltens.

_____

_____

_____

_____

_____

_____

_____

3. Schimpansen bilden lockere Gemeinschaften von 20–60 Tieren. Meist streifen sie einzeln oder in kleinen Gruppen umher. Die Basis des Zusammenhaltes bildet die Großfamilie mit einem engen Kontakt zu Mutter, Schwestern, Brüdern und Tanten. Männliche Tiere bleiben meist lebenslang in der Gemeinschaft, weibliche wechseln häufig mit Eintritt der Geschlechtsreife in eine Nachbargemeinschaft. An der Reviergrenze werden fremde Schimpansen angegriffen. Bei einigen Gruppen kann eine gemeinsame Revierverteidigung und ein gemeinsames Jagen beobachtet werden.

a) Erklären Sie an diesem Beispiel die Merkmale des individualisierten Verbandes.
b) Welche Vorteile bringt ein Zusammenleben?
c) Warum trennen sich die Tiere in kleine Gruppen?
d) Erklären Sie den biologischen Sinn der Abwanderung.

Arbeitsblatt — Kommunikation mit Artgenossen — 32

1. Ordnen Sie folgende Begriffe zu einer Übersicht:
Formen innerartlicher Verständigung, einfache Signale, chemische Duftstoffe, ritualisiertes Verhalten, Pfauenbalz, optische Signale, Klopfzeichen Specht, Schwanzschlag Biber, Zeichensprache, Mimik und Gestik bei Primaten, Bienentanz, akustische Signale, Lichtsignale eines Leuchtkäfers, Farbsignale Korallenfisch, Sexuallockstoff Seidenspinner, Zirpen einer Grille

2. Die Bildfolge zeigt die Begegnung zweier Orca-Gruppen.
a) Beschreiben Sie den Ablauf dieses Verhaltens.
b) Ordnen Sie dieses Beispiel einer der o.g. Formen zu und begründen Sie Ihre Entscheidung.

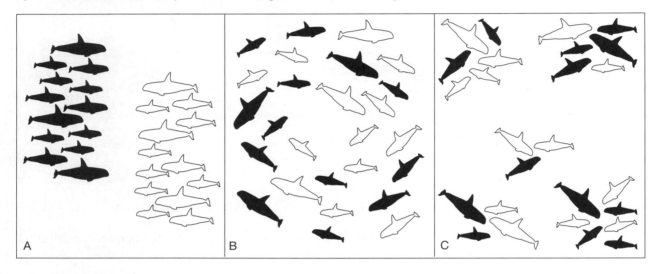

3. Die Zeichnungen geben verschiedene Gesichtsausdrücke eines jungen Schimpansen wieder. Versuchen Sie diesen die folgenden Stimmungen zuzuordnen:
① Abscheu, ② Angst, ③ Aufmerksamkeit, ④ Wut, ⑤ Erregung, ⑥ Feixen, ⑦ Heulen, ⑧ Lachen

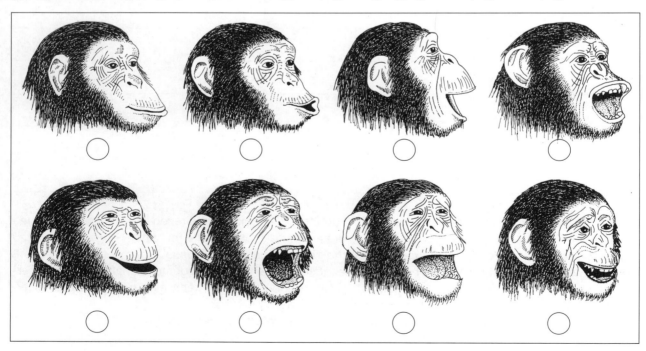

4. Welche Funktion hat Kommunikation zwischen Artgenossen?

Aggressionsverhalten bei Tieren

33

1. **a)** Nennen Sie unterschiedliche Beispiele aggressiver Verhaltensweisen bei Tieren.
   b) Kategorisieren Sie diese Beispiele.
   c) Welche biologische Bedeutung hat ein solches Verhalten?

2. Ergänzen Sie in dem Schema weitere mögliche Verhaltensweisen, die zu aggressivem Verhalten führen können.

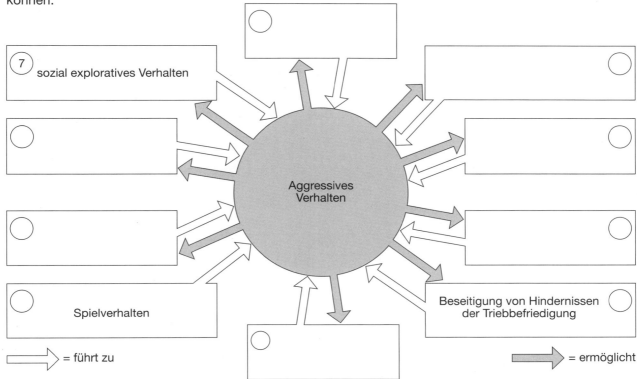

⑦ sozial exploratives Verhalten

Spielverhalten

Beseitigung von Hindernissen der Triebbefriedigung

Aggressives Verhalten

⇨ = führt zu   ➡ = ermöglicht

3. Ordnen Sie folgende Situationen dem Schema zu, indem Sie die entsprechenden Ziffern ergänzen. Begründen Sie Ihre Entscheidung mündlich!

① Känguru: Kampf um die Führungsposition

② Dingos: Raufereien, die in Ernsthandlungen umschlagen können

③ Gorilla: hochrangiges Männchen verteidigt seine Gruppe gegen Feinde

④ Amsel: Kampf um ein Revier

⑤ Rotwild: Kampf zweier Hirsche um ein Weibchen

⑥ Hühner: Tiere mit Farbmarkierungen oder blutigem Kamm werden gehackt

⑦ Schimpansen: Jungtiere ärgern Ältere, suchen Grenze, wie weit sie gehen können

⑧ Hund: ein in die Enge getriebenes Tier verteidigt sich

⑨ Schimpanse: Jungtier greift Mutter an, die es festhält

⑩ Schakale: Kampf um Futterbrocken

Arbeitsblatt 34: Auf in den Kampf?

1. Kämpfe können zwischen Mitgliedern der eigenen Art oder zwischen Mitgliedern verschiedener Arten ausgetragen werden.
a) Geben Sie Gründe für ein solches Verhalten an.

Innerartliche Kämpfe: _____

_____

Zwischenartliche Kämpfe: _____

_____

b) Begründen Sie, warum bei Tieren Kämpfe erst dann ausgetragen werden, wenn die Situation keinen anderen Ausweg mehr bietet.

_____

_____

_____

_____

_____

2. Beschreiben Sie das Verhalten der beiden Amselmännchen an der Reviergrenze (Revierinhaber A).

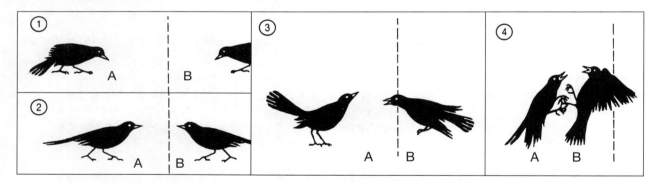

3. Orcet ist ein graues Känguru und das ranghöchste Männchen in diesem Tal. Erscheint er bei seiner Gruppe, richtet er sich auf und markiert seine Reviergrenze mit Urin. Dann „stolziert" er langsam mit gekrümmtem Rücken auf den Vorderpfoten durch die Gruppe. Rangniedere Männchen müssen jetzt aufstehen, zur Seite gehen, sich ducken und husten. Sonst werden sie angegriffen.
Erklären Sie dieses Verhalten. Beziehen Sie auch die Sozialstruktur in Ihre Überlegungen ein.

4. Nashornbullen leben in Territorien von 1–2 km². An einer Reviergrenze treffen zwei dominante Bullen aufeinander. Sie stellen sich einander gegenüber auf, senken die Köpfe und zerfetzen Pflanzen. Sie trampeln mit steifen Beinen vor- und rückwärts und verspritzen Urin. Es kommt zu einem kurzen Horngefecht. Dann zieht sich ein Nashornbulle zurück. Beide bleiben unverletzt. Erklären Sie das Verhalten.

Arbeitsblatt: Sexualverhalten bei Tieren — 35

1. Ergänzen Sie den Lückentext zum Sexualverhalten bei Tieren.

Bei männlichen und weiblichen Tieren haben sich unterschiedliche Fortpflanzungsstrategien entwickelt. Weibchen produzieren in ihrem Leben nur _____, große, nährstoffreiche _____. Sie müssen dafür relativ _____ Energie aufwenden. Nach der Paarung investieren sie meist noch viel Zeit in die _____. Sie können sich deshalb nicht so häufig fortpflanzen wie Männchen. Sie verhalten sich sehr _____ bei der Partnersuche. Nur so können sie bestimmen, wer die Eizellen _____. Auswahlkriterien sind z. B. _____, _____, Fell- oder Gefiederqualität. Die dafür verantwortlichen Gene würden in ihre nächste Generation weitergegeben werden.

Männchen können dagegen mit _____ Energieaufwand _____, _____ Spermien produzieren. Damit können sie in kurzer Zeit viele Weibchen besamen. Ziel der Männchen ist es, ihre Spermien möglichst _____ zur Eizelle zu bringen und Zugang zu vielen Weibchen zu finden. Dabei sollten keine Spermien von _____ zur Eizelle gelangen. Da Weibchen aber wählerisch sind, investieren Männchen in Verhaltensweisen, die Weibchen anlocken und ihnen imponieren.

2. Bei vielen Tierarten trifft man auf **Sexualdimorphismus.** Erklären Sie den Begriff und geben Sie Beispiele an.

_____
_____
_____
_____

3. Nennen Sie verschiedene männliche Verhaltensweisen, die der **Partnerwerbung** dienen. Geben Sie je ein konkretes Tierbeispiel an.

_____
_____
_____
_____

Arbeitsblatt: Paarungssysteme 36

1. Die Übersicht zeigt Ihnen verschiedene Paarungssysteme. Ergänzen Sie.

Form	Merkmale	Beispiele
1. Promiskuität „Sex auf Zeit"		
2. Polygamie: a)	ein Männchen begattet mehrere Weibchen, dauerhaftes Zusammenleben, Harem entsteht	
b) Polyandrie		
c) „Gruppensexverband"		
3.		Storch, Gibbon, Graupapagei

2. Stellen Sie Vermutungen an, wie das im Artikel beschriebene Verhalten dieser Seepferdchenart zu erklären ist.

_____
_____
_____
_____
_____
_____
_____
_____

SEEPFERDCHEN
Treu bis ins Grab

Seitensprünge, Partnerwechsel und Haremswirtschaft sind in der Natur an der Tagesordnung. Nicht jedoch bei den australischen Seepferdchen Hippocampus whitei.
Auch nach 600 Beobachtungsstunden unter Wasser konnten zwei Wissenschaftlerinnen keinen Fall von Untreue protokollieren. Jeden Morgen begrüßten sich die Tiere auf dieselbe Art. Sie schwammen aufeinander zu und tanzten minutenlang umeinander herum. War ein Partner verletzt, wartete der andere ganz geduldig auf seine Genesung.
aus: Abenteuer Natur, 2/97, S. 114

Arbeitsblatt — Der Start ins Leben 37

1. Tierbabys kommen unterschiedlich weit entwickelt auf die Welt.
a) Ergänzen Sie die Tabelle.
b) Ordnen Sie folgende Beispiele zu: ① Hühner, ② Gnus, ③ Gorillas, ④ Schildkröten, ⑤ Kaninchen, ⑥ Eisbären, ⑦ Faultiere, ⑧ Giraffen

Form	Kurzcharakteristik	Beispiele
Autonome	nach Eiablage wird das Gelege verlassen, Jungtiere sind nach Schlupf völlig selbständig	○
		○ ○ ○
Platzhocker		Möwen
		○ ○
Traglinge (aktiv oder passiv)		○ ○

2. Informieren Sie sich über die abgebildeten Verhaltensweisen und Startstrategien näher.
a) Erklären Sie mithilfe der Abbildungen den Begriff Brutpflege.
b) Welchen Vorteil hat das Brutpflegeverhalten für die Nachkommen?

Arbeitsblatt 38: Territorial- und Besitzverhalten beim Menschen

1. Beschreiben und benennen Sie die abgebildeten Verhaltensweisen.

Abb. 1: Am Strand

Abb. 2: An der Bushaltestelle

2. Stellen Sie weitere Beispiele für das Markieren von Revieren und für das Respektieren von Territorialbesitz beim Menschen zusammen.

_____

_____

_____

_____

3. Eine Mutter erzählt: „Sonnenschein, angenehme Wärme – es ist Spielplatzwetter. Na gut, Buddeleimer, Förmchen und etwas Proviant werden eingepackt. Ich stecke mir noch schnell ein Buch ein. Und nun auf zum Spielplatz. Marianne (4 Jahre) ergattert eine Ecke im Sandkasten, ich eine freie Bank. Nun noch das Buch aufschlagen und entspannen.
Keine fünf Minuten später geht das Gekreische los: ‚Das ist meine Schippe! Gib sie sofort her!' ‚Ich will meinen Eimer!' ‚Den kriegst du aber nicht, den hab ich jetzt. Ätsch!'
Meine Tochter plustert sich auf, krampft die Hände zu Fäusten und schaut ihr Gegenüber wütend an. Der Junge schwingt den Eimer triumphierend über dem Kopf und wird wohl gleich damit zuschlagen.
So viel Theater um eine völlig bedeutungslose Schaufel und einen roten Plastikeimer, denke ich."

Erklären Sie Mariannes Verhalten.

Arbeitsblatt: Sozialverhalten des Menschen I

1. „Menschliches Rangordnungsverhalten schließt sich bruchlos an das der nichtmenschlichen Primaten an." *I. EIBL-EIBESFELDT*

a) Nehmen Sie zu diesem Zitat Stellung.

b) Beim Menschen wird ein Rang häufig noch zusätzlich angezeigt. Notieren Sie Beispiele dafür.

2. Die auf dem Foto dargestellte Verbeugung ist eine ritualisierte Verhaltensweise. Erläutern Sie die Bedeutung, die dieses Verhalten früher und heute hatte.

3. In Kindergärten ist man dazu übergegangen, heterogene Altersgruppen von 2 (3) bis 6 (7) Jahren zu schaffen.
Welche Auswirkungen hat diese Gruppenstruktur auf a) das Rangordnungsverhalten und b) das Lernverhalten?

4. 1984 antworteten Eltern auf die Frage, was ihr wichtigstes Erziehungsziel sei: Ordnung, Selbständigkeit, Erfolg, Einordnung in die Gesellschaft. 1993 war der Stellenwert des Gemeinsinns von Platz 4 auf Platz 16 gefallen.
Der Berliner Kinder-Psychoanalytiker Prof. Dr. HORST PETRI beobachtete bei Grundschülern „die Entwicklung stark narzisstisch orientierter Charakterstrukturen wie Rücksichtslosigkeit, Anspruchsdenken, Geltungssucht oder fehlende Bereitschaft, sich in die Gesellschaft einzuordnen". *aus: Eltern, Mai 1993*

Setzen Sie sich kritisch mit diesen Aussagen auseinander. Notieren Sie Stichpunkte und diskutieren Sie dann im Kurs.

Sozialverhalten des Menschen II

1. Der amerikanische Präsident KENNEDY bezeichnete die Zivilcourage als wichtigste Eigenschaft eines freien demokratischen Bürgers. Setzen Sie diese These in Beziehung zu folgenden Vorfällen.

- Im Dezember 1989 brechen drei Jungen auf dem Eis des Münchner Olympiasees ein. Vor den Augen von gut zwanzig Erwachsenen kämpfen die fünf, sieben und acht Jahre alten Kinder eine halbe Stunde um ihr Leben, tauchen immer wieder auf und versuchen, aufs Eis zu gelangen. Niemand hilft, obwohl der See nur 1,50 Meter tief ist. Als der Notarzt eintrifft, ist es zu spät: Alle drei sterben.

- Im Juni 1990 überrascht eine 13-jährige aus Neuss einen Einbrecher in der elterlichen Wohnung und erkennt ihn als Untergebenen ihres Vaters. Der Mann sticht mehrmals mit einer Schere auf sie ein. Sie schreit laut um Hilfe, kein Nachbar rührt sich. Als ihr Vater nach Hause kommt, ist sie verblutet.

aus: Eltern, Mai 1993

2. Das menschliche Aggressionsverhalten ist ein vielschichtiges Verhalten, das durch ein komplexes Zusammenwirken von Erbanlagen und Umwelteinflüssen bestimmt wird.
Das genetisch-soziale Modell der Aggression fasst fünf unmittelbare Einflussbereiche und drei historische Dimensionen zusammen.
Informieren Sie sich über die Kernaussagen dieses Modells und notieren Sie diese.

3. Eine Mutter erzählt: „Marianne geht in die 1. Klasse. Seit Weihnachten besitzt sie eine neue gelbe Uhr. Heute morgen haben wir vereinbart, dass ich sie um 15.00 Uhr nach der Arbeit abhole. 14.30 Uhr – ich bin fertig und mache mich auf den Weg. ‚Wenn du früher kommst, freut sich dein Kind', denke ich noch. Um 14.45 Uhr stehe ich vor der Tür des Klassenzimmers. Meine Tochter kommt unwillig aus der Spielecke. Mundwinkel runter, Zornesfalte auf der Stirn. Sie schimpft wie ein Rohrspatz. Der Schulranzen bekommt einen Tritt. Ich bin Luft für sie. ‚Nie kann man sich auf dich verlassen!', brummelt sie wütend.
‚Warum verhält sie sich so?', frage ich mich entsetzt."

Beantworten Sie die Frage der Mutter.

4. Lesen Sie die unten abgedruckte Strophe des Liedes „Wellensittich und Spatzen" von GERHARD SCHÖNE. Erläutern Sie dann an einem ausgewählten Abschnitt das hier beschriebene Verhalten.

Auf dem Weihnachtsmarkt läuft einer, nach dem sich die Leute umdreh'n.
Etwas Grünes hat er sich ins Haar geschmiert.
Er trägt eine Glitzerhose und am linken Ohr Geschmeide,
etwas Wangenrouge, der Hals ist tätowiert.
Träge Menschen werden munter, stille Bürger sind entrüstet.
Dreckparolen wirft man, wo er geht und steht.
Jemand sagt: „Das ist der Abschaum. So was müsste man erschießen!
Wenn das mein Sohn wäre, ich wüsste, was ich tät."
Jemand sagt: „Er ist entlaufen!" Jemand sagt: „Hau ab, zieh Leine!"
Irgendwo ruft einer halblaut: „Schwules Schwein!"
Jemand spuckt ihm vor die Füße. Jemand wirft nach ihm ein Brötchen.
Ein Besoffener packt ihn und schlägt auf ihn ein.

Als mein gelber Wellensittich aus dem Fenster flog,
hackte eine Schar von Spatzen auf ihn ein,
denn er sang wohl etwas anders und war nicht so grau wie sie
und das passt in Spatzenhirne nicht hinein.

Sexualverhalten des Menschen

Arbeitsblatt 41

1. Der Mensch unterscheidet sich in seinem Sexualverhalten von Tieren. Geben Sie mehrere Unterschiede an.

2. Bestimmte sexuelle Schlüsselreize wirken auf uns, egal ob sie uns bewusst werden oder nicht. Geben Sie Merkmale beider Geschlechter an, auf die wir reagieren und auf die ein Zuwenden erfolgt.

♀:

♂:

3. Die weiblichen Brüste und auch die Lippenform der Frau sind sonst nirgends so anzutreffen (auch nicht bei weiblichen Affen).
Wie könnte man das Auftreten dieser Merkmale erklären?

4. In der Werbung werden bestimmte weibliche oder männliche Merkmale bewusst ausgenutzt bzw. zusätzlich mit Computer in die Fotos gemogelt.
a) Erkundigen Sie sich, welche Tricks dafür typisch sind.
b) Sammeln Sie verschiedene Werbeseiten. Diskutieren Sie diese im Kurs. Was soll beim Betrachter erreicht werden?

5. Die Bildreihe zeigt mögliche Etappen menschlichen Sexualverhaltens. Benennen und beschreiben Sie die Etappen.

6. Küssen ist ein ritualisiertes Verhalten beim Menschen. Erklären Sie den möglichen Ursprung und die Bedeutung der Handlung früher und heute.

Eltern-Kind-Verhalten

1. Erklären Sie mithilfe der Abbildung Merkmale und Bedeutung des Kindchenschemas.

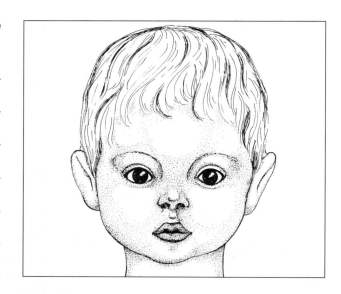

2. Ein historisches „Experiment":
Im Jahre 1914 schrieb der Forscher A. DOREN über eine „Wahnidee" des wissenschaftlich sehr interessierten Hohenstauferkaisers Friedrich II. (1194–1250):
„Er wählte eine Anzahl verwaister Neugeborener aus und befahl den Ammen und Pflegerinnen, sie sollten den Kindern Milch geben, dass sie an den Brüsten säugen möchten, sie baden und waschen, aber in keiner Weise mit ihnen schön tun und zu ihnen sprechen. Er wollte nämlich erforschen, ob sie die hebräische Sprache sprächen als die älteste oder griechisch oder lateinisch oder aber die Sprache der Eltern, die sie geboren hatten. Aber er mühte sich vergebens, weil die Knaben und Kinder alle starben. Denn sie vermochten nicht zu leben ohne das Händepatschen und das fröhliche Gesichterschneiden und die Koseworte ihrer Ammen."

a) Diskutieren Sie den Einsatz solcher Experimente in Ihrem Kurs.
b) Das Experiment geht von einer völlig falschen Annahme zum Spracherwerb aus. Stellen Sie den Sachverhalt richtig.
c) Welche Aussagen über das Sozialverhalten des Menschen lässt der Text zu? Beziehen Sie in Ihre Antwort Ihr Wissen zur **primären Sozialisation** ein.
d) Heute wird in Krankenhäusern viel getan, um Folgen von Mutterentbehrung von Anfang an zu begegnen. Nennen Sie mögliche Maßnahmen.

3. a) Erklären Sie die Phase der Enkulturation (auch sekundäre Sozialisation genannt).
b) Setzen Sie diese Phase in Beziehung zu dem Zeitungsartikel. Diskutieren Sie mögliche Folgen eines solchen Verhaltens.

VERWÖHNTE ÜBERFLUSSKINDER

Überfluss ist gefährlich für Kinder, warnt der amerikanische Psychologe Bruce A. Baldwin. Wenn es für ihre Wünsche und Erwartungen keine Grenzen mehr gibt, wachsen sie in dem Glauben auf, dass ihnen das ganze Leben ohne jede Anstrengung zufällt. Sie lernen, dass man nur etwas verlangen oder eine Szene machen muss, dann bekommt man alles: So verkümmern bei ihnen wichtige Fähigkeiten, die sie später dringend nötig hätten. Die Eltern der Überflusskinder, so Baldwin, haben es meist durch eigenen Fleiß zu einem gewissen Wohlstand gebracht. Ihre Kinder bedienen sie paradoxerweise zum Nulltarif.

aus: Eltern, Mai 1993, S. 66

Klausur- und Prüfungsaufgaben – Verhalten

1. Man hat beobachtet, dass Schmutzgeier Steine zum Aufschlagen von Straußeneiern verwenden. Wie müsste man vorgehen, um herauszufinden, ob es sich dabei um angeborenes oder erlerntes Verhalten handelt?

2. Tritt man am Strand versehentlich auf eine Glasscherbe, so zieht man den Fuß sofort zurück.
a) Belegen Sie das oben beschriebene Verhalten mit dem richtigen Fachausdruck und nennen Sie charakteristische Merkmale.
b) Fertigen Sie eine Schemazeichnung an und erklären Sie dann die beteiligten Strukturen, die dieses Verhalten ermöglichen.

3. „... dieselbe Erscheinung betraf einen weißen Pfauhahn des Schönbrunner Tiergartens. Als ebenfalls letzten Überlebenden einer früh geschlüpften und vom schlechten Wetter vernichteten Pfauenbrut brachte man ihn in den wärmsten Raum, der damals, in der Zeit nach dem ersten Weltkriege, zur Verfügung stand, nämlich zu den Riesenschildkröten. Dieser unglückliche Vogel balzte später sein ganzes Leben hindurch nur vor Riesenschildkröten und blieb blind und taub für die Reize der schönsten Pfauenhennen!"
Dieser Text stammt aus dem Werk von KONRAD LORENZ. Bezeichnen Sie den Lernvorgang und nennen Sie charakteristische Merkmale.

4. Ein Eisvogel wird beobachtet: Er sitzt auf seiner Sitzwarte zwei Meter über der Wasseroberfläche. Plötzlich erspäht er einen Stichling und stürzt sich fast senkrecht mit angelegten Flügeln ins Wasser. Er fliegt mit dem Fisch im Schnabel zurück zu seinem Beobachtungsposten, schlägt seine Beute mehrmals gegen den Ast und verschlingt sie mit dem Kopf voran.
Ein Eisvogel jagt Fische dicht unter der Wasseroberfläche. Er fängt meist den kleinsten Fisch des Schwarmes. Ein hungriger Eisvogel fängt auch größere und tiefer schwimmende Fische.
Erklären Sie die im Text beschriebenen Verhaltensweisen mit den entsprechenden ethologischen Fachbegriffen.

5. An fünf aufeinander folgenden Tagen klopft es jeweils vor der Fütterung an die Aquarienscheibe. Am sechsten Tag ertönt nur das Klopfen. Der hier lebende Zwergwels verlässt sein Versteck und beginnt sofort mit der Futtersuche.
Erklären Sie das Verhalten des Fisches.

Themenübergreifende Aufgaben

Material:

① Es gibt etwa 50 flugunfähige Vogelarten. Fast alle stammen von Vorfahren ab, die fliegen konnten. Der neuseeländische Kakapo ist einer von ihnen. Dieser Papagei wird 50 bis 60 cm groß und bis zu 3,5 kg schwer. Er ist der einzige nachtaktive Papagei. Ein Kakapo ernährt sich von Beeren, Wurzeln, Grashalmen, Pilzen und Samen. Sein natürlicher Lebensraum ist der dichte Unterwuchs hochgelegener Bergwälder. Tagsüber hockt er bewegungslos in Höhlen oder Mulden mit Moos und lockerem Laub. Er kann klettern und von einem Baum aus eine kurze Strecke gleiten. Fliegen kann er mit seinen kurzen Flügeln nicht.
Der Kakapo lebt als Einzelgänger, er kennzeichnet sein Revier mit Duftmarken und verlässt es nur zur Balz.

② Merkmale des Kakapo: starker Schnabel, kräftige Füße, grün-braunes Gefieder, Augen weit nach vorn gerichtet, verkümmerte Flügel

„Bis vor relativ kurzer Zeit – jedenfalls nach evolutionären Maßstäben – bestand die neuseeländische Tierwelt fast ausschließlich aus Vögeln. Nur Vögel konnten den Ort erreichen. Die Vorfahren vieler jetzt dort heimischer Vögel waren ursprünglich hierher geflogen. Es gab auch noch ein paar Fledermausarten, die Säugetiere sind, aber – und das ist der entscheidende Punkt – es gab keine Räuber. Keine Hunde, keine Katzen, keine Frettchen oder Wiesel, nichts, vor dem die Vögel hätten flüchten müssen."

③ „Kakapos sind es grundsätzlich nicht gewöhnt, sich zu verteidigen. Sie erstarren einfach, wenn sie eine Katze näher kommen sehen. Obwohl sie kräftige Beine und Krallen haben, verteidigen sie sich nicht damit."
„Es liegt nicht daran, dass sie nicht willig wären. Der Geschlechtstrieb ist bei einem fortpflanzungsbereiten Weibchen extrem ausgeprägt. Man weiß von einem Kakapo-Weibchen, das in einer Nacht zwanzig Meilen marschiert ist, nur um ein Männchen zu besuchen, und dann am nächsten Morgen wieder zurückwanderte. Unglücklicherweise ist jedoch die Phase, in der sich das Weibchen so verhält, ziemlich kurz. Als wäre nicht alles schon schwierig genug, kann das Weibchen nur dann in diese Verfassung geraten, wenn besondere Pflanzen, zum Beispiel die Steineibe, Früchte tragen. Was nur zweimal jährlich der Fall ist. Bis es so weit ist, kann das Männchen schreien, so viel es will, ohne dass es ihm irgendetwas nützt."
„Früher haben sie sich so langsam vermehrt, weil es der einzige Weg war, den Bestand auf dem gleichen Niveau zu halten. Wenn ein Tierbestand so schnell zunimmt, dass die Ernährungs- und Versorgungskapazitäten des Lebensraumes überstiegen werden, stürzt der Bestand wieder in sich zusammen, nimmt dann wieder zu, wieder ab und so weiter. Wenn eine Population zu heftig schwankt, ist nicht mal eine besondere Katastrophe nötig, um die Art zu gefährden. Die eigentümlichen Paarungsgewohnheiten des Kakapo sind, wie so vieles andere, Überlebenstechniken."

Zitate aus DOUGLAS ADAMS und MARK CARWARDINE: Die letzten ihrer Art

Aufgaben:

1. Welche besonderen ökologischen Bedingungen gab es in der Vergangenheit auf Neuseeland, die die Existenz eines solchen Vogels ermöglichten?

2. Während der Evolution haben sich verschiedene Spezialisierungen und Anpassungen beim Kakapo herausgebildet. Benennen und begründen Sie diese Anpassungen.

3. Seine Verhaltensweisen bringen den Kakapo heute an den Rand des Aussterbens. Es sind weniger als 50 Exemplare bekannt. Notieren und erklären Sie mögliche ethologische Ursachen.

Die Entstehung des Lebens – immer noch ein Rätsel

1. Geben Sie in der Grafik die Bestandteile der einzelnen Atmosphären an. Verwenden Sie dazu chemische Formeln.

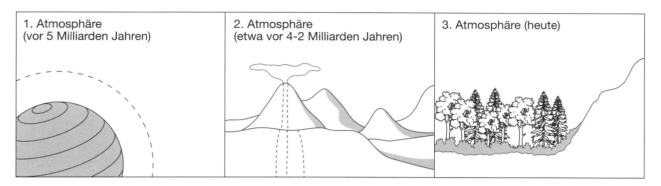

| 1. Atmosphäre (vor 5 Milliarden Jahren) | 2. Atmosphäre (etwa vor 4–2 Milliarden Jahren) | 3. Atmosphäre (heute) |

2. Im Jahre 1953 gelang es dem amerikanischen Wissenschaftler MILLER unter „Urbedingungen" organische Verbindungen herzustellen.
a) Beschreiben Sie mithilfe der Abbildung unten den Versuch.
b) Analogisieren Sie die einzelnen Versuchsbedingungen mit den Verhältnissen der Früherde.
c) Welche Ergebnisse konnte MILLER vorweisen?
d) Welche Grenzen sind dem Experiment gesetzt? Beziehen Sie das Zitat in Ihre Überlegungen ein.

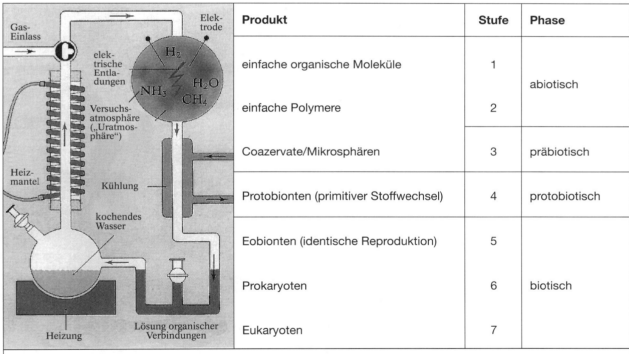

Produkt	Stufe	Phase
einfache organische Moleküle	1	abiotisch
einfache Polymere	2	
Coazervate/Mikrosphären	3	präbiotisch
Protobionten (primitiver Stoffwechsel)	4	protobiotisch
Eobionten (identische Reproduktion)	5	biotisch
Prokaryoten	6	
Eukaryoten	7	

Zitat: „Wo sich auf der Erde erstes Leben entwickelt haben könnte, ist ebenfalls umstritten: In der ‚Ursuppe', also in Gewässern mit chemischen Anreicherungen organischer Verbindungen, oder in den durch Vulkanismus und Meteoriteneinschläge stauberfüllten Wolken der sich abkühlenden frühen Atmosphäre, in der zahlreiche Gewitter für Energieentladung sorgten? Denkbar wären auch unterseeische vulkanische Quellen, an deren Rand sich die ersten Keimzellen des Lebens gebildet haben könnten." *aus: Chronik der Erde, S. 23*

3. Die Tabelle zeigt hypothetische Stufen der Entstehung des Lebens.
a) Welche Energiequellen könnten die nötige Energie für Stufe 1 bis 3 liefern?
b) Stellen Sie die Ergebnisse der Koazervatexperimente von OPARIN zusammen.
c) Welche Eigenschaften müsste ein „Lebensmolekül" unbedingt besitzen?

Die Theorien von LAMARCK und DARWIN im Vergleich

„Es gibt indessen unter den Pflanzen fressenden Tieren und hauptsächlich unter den Wiederkäuern solche, die in den wüsten Ländern, die sie bewohnen, unaufhörlich der Raublust der Fleisch fressenden Tiere ausgesetzt sind und ihr Heil nur in der schleunigsten Flucht finden können. Die Notwendigkeit hat sie gezwungen, sich im schnellen Laufen zu üben, und durch diese Gewohnheit ist ihr Körper leichter und sind ihre Beine viel schlanker geworden. Beispiele dafür sind die Antilopen, die Gazellen ..."

1. Naturgesetz LAMARCKS

Bei jedem Tiere, welches den Höhepunkt seiner Entwicklung noch nicht überschritten hat, stärkt der häufigere und dauernde Gebrauch eines Organs dasselbe allmählich, entwickelt, vergrößert und kräftigt es proportional der Dauer dieses Gebrauchs; der konstante Nichtgebrauch eines Organs macht dasselbe unmerkbar schwächer, verschlechtert es, vermindert fortschreitend seine Fähigkeiten und lässt es endlich verschwinden.

2. Naturgesetz LAMARCKS

Alles, was die Individuen durch den Einfluss der Verhältnisse, denen ihre Rasse lange Zeit hindurch ausgesetzt ist, und folglich durch den Einfluss des vorherrschenden Gebrauchs oder konstanten Nichtgebrauchs eines Organs erwerben oder verlieren, wird durch die Fortpflanzung auf die Nachkommen vererbt, vorausgesetzt, dass die erworbenen Veränderungen beiden Geschlechtern oder den Erzeugern dieser Individuen gemein sind.

(LAMARCK, Zoologische Philosophie)

„Wenn ein Naturforscher über den Ursprung der Arten nachdenkt, so ist es wohl begreiflich, dass er in Erwägung der gegenseitigen Verwandtschaftsverhältnisse der Organismen, ihrer embryonalen Beziehungen, ihrer geographischen Verbreitung, ihrer geologischen Aufeinanderfolge und andrer solcher Tatsachen zu dem Schlusse gelangt, die Arten seien nicht selbständig erschaffen, sondern stammen wie Varietäten von anderen Arten ab."

„Da viel mehr Individuen jeder Art geboren werden, als möglicherweise fortleben können, und demzufolge das Ringen um Existenz beständig wiederkehren muss, so folgt daraus, dass ein Wesen, welches in irgendeiner für dasselbe vorteilhaften Weise von den übrigen, so wenig es auch sei, abweicht, unter den zusammengesetzten und zuweilen abändernden Lebensbedingungen mehr Aussicht auf Fortdauer hat und demnach von der Natur zur Nachzucht gewählt werden wird. Eine solche zur Nachzucht ausgewählte Varietät strebt dann nach dem strengen Erblichkeitsgesetze jedes Mal seine neue und abgeänderte Form fortzupflanzen."

„Niemand glaubt, dass alle Individuen einer Art genau nach demselben Modell gebildet seien. Diese individuellen Verschiedenheiten sind nun gerade von der größten Bedeutung für uns, weil sie oft vererbt werden, wie wohl jedermann schon zu beobachten Gelegenheit hatte.

(DARWIN, Die Entstehung der Arten durch natürliche Zuchtwahl)

---

1. Stellen Sie die wichtigsten Aussagen beider Wissenschaftler zur Entstehung der Arten zusammen.

2. Bringen Sie das von LAMARCK gewählte Beispiel in ein Fließschema.

3. Schreiben Sie ein zweites Fließschema im Sinne DARWINS auf.

4. Wenden Sie die Evolutionstheorien beider Wissenschaftler auf die Entstehung langhalsiger Giraffen an.

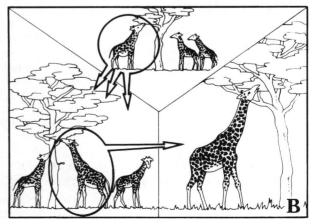

Arbeitsblatt: Evolutionsfaktoren ermöglichen das Entstehen neuer Arten — 47

1. Ergänzen Sie an der Pinnwand die verschiedenen Evolutionsfaktoren.

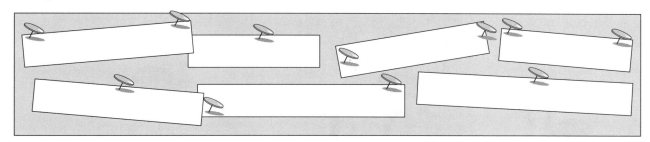

2. Bei seiner Forschungsreise auf der „Beagle" fand DARWIN klassische Beispiele für das Wirken von Evolutionsfaktoren. Erklären Sie das Zustandekommen der unterschiedlichen Finken- und Schildkrötenformen. Werten Sie dazu das Material aus.

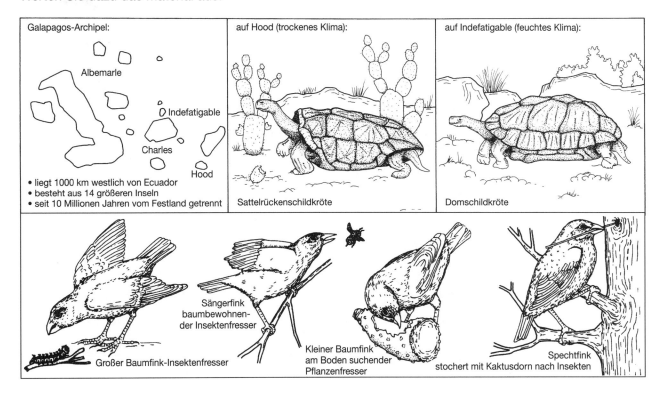

Galapagos-Archipel:
- liegt 1000 km westlich von Ecuador
- besteht aus 14 größeren Inseln
- seit 10 Millionen Jahren vom Festland getrennt

auf Hood (trockenes Klima): Sattelrückenschildkröte

auf Indefatigable (feuchtes Klima): Domschildkröte

Großer Baumfink-Insektenfresser

Sängerfink baumbewohnender Insektenfresser

Kleiner Baumfink am Boden suchender Pflanzenfresser

Spechtfink stochert mit Kaktusdorn nach Insekten

3. Die Abbildung zeigt zwei unterschiedliche Versuchsreihen mit E.-coli-Bakterien.
a) Vergleichen und erläutern Sie beide Ergebnisse.
b) Beurteilen Sie jeweils die Stärke des Mutations- und Selektionsdrucks (nur bei Versuch 1) und markieren Sie dies mit Pfeilen in der Abbildung unten. ➔ = starker Druck, → = schwacher Druck

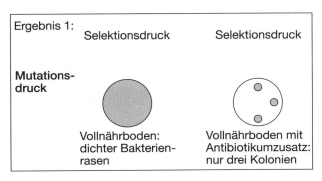

Ergebnis 1:
Mutationsdruck — Selektionsdruck — Selektionsdruck
Vollnährboden: dichter Bakterienrasen
Vollnährboden mit Antibiotikumzusatz: nur drei Kolonien

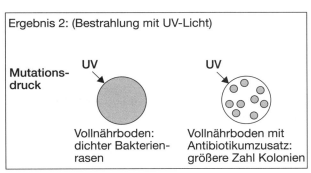

Ergebnis 2: (Bestrahlung mit UV-Licht)
Mutationsdruck
Vollnährboden: dichter Bakterienrasen
Vollnährboden mit Antibiotikumzusatz: größere Zahl Kolonien

Arbeitsblatt 48: Wie wirken Evolutionsfaktoren?

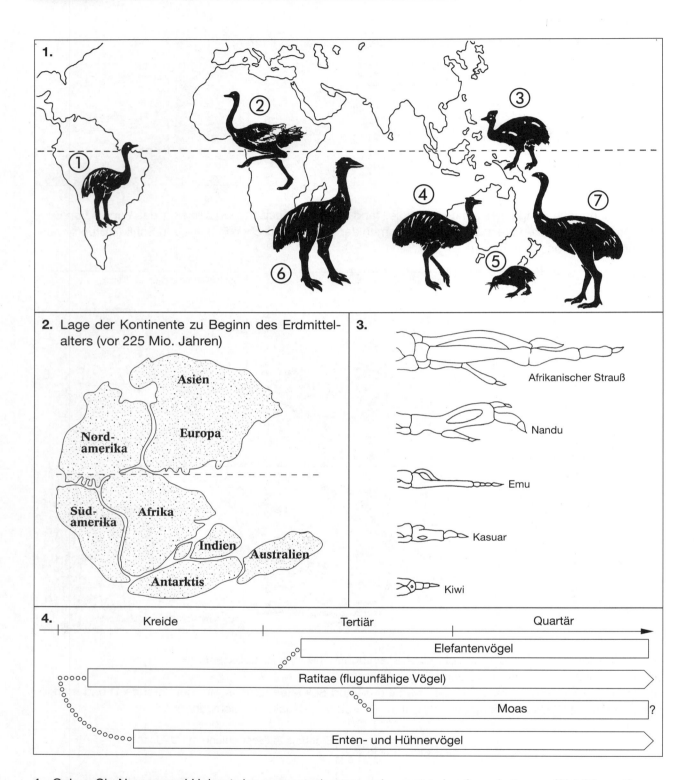

1. Geben Sie Namen und Heimat der ausgestorbenen und rezenten Laufvogelarten an (Abbildung 1).

2. Erklären Sie, wie die verschiedenen flugunfähigen Laufvogelarten vermutlich entstanden sind. Nutzen Sie dazu Abbildung 2 und 4.

3. Erklären Sie am Beispiel des Knochenskelettes der Flügel den Begriff **Regressionsreihe**. Nutzen Sie dazu Abbildung 3.

Stammbaum der Tiere

49

1. Erklären Sie beide Formen der Stammbaumdarstellung und vergleichen Sie diese mit dem Stammbaum auf S. 52.
2. Kennzeichnen Sie in Abbildung B die Tierstämme durch farbiges Einkreisen und benennen Sie sie.

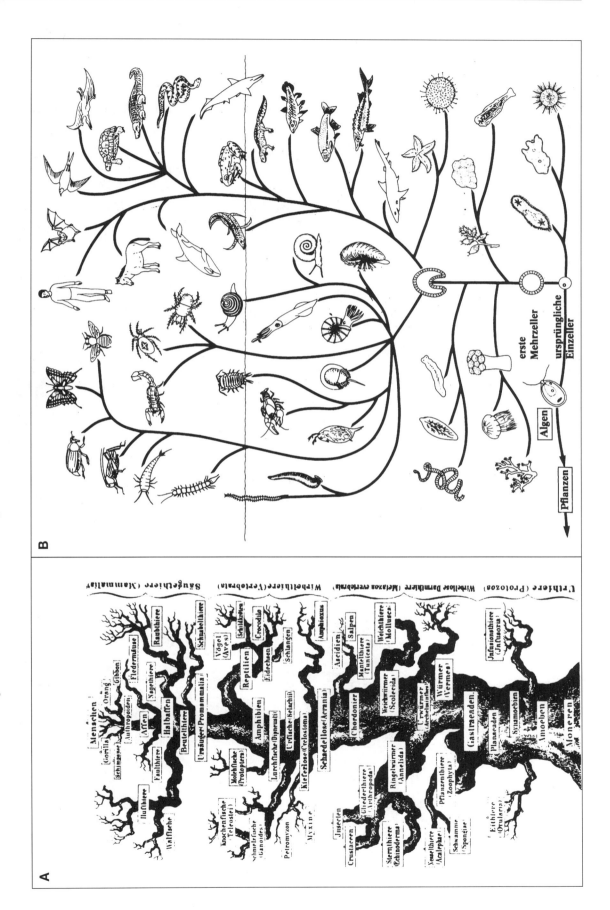

Arbeitsblatt 50: Evolutive Trends in der Tierwelt

1. Beschreiben Sie den Bau der dargestellten Kreisläufe und Atmungsorgane.

2. Erläutern Sie den Begriff **Progressionsreihe** mithilfe der dargestellten Beispiele.

3. Welche Kriterien für Höherentwicklung sind an diesen Beispielen ebenfalls gut nachweisbar? Begründen Sie Ihre Antwort.

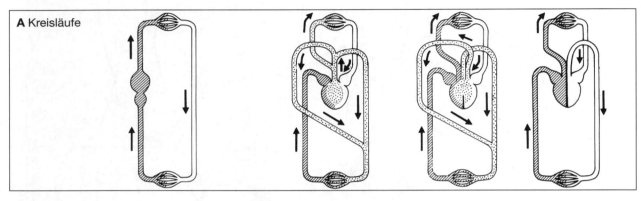

A Kreisläufe

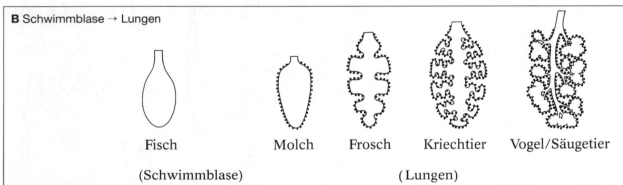

B Schwimmblase → Lungen

Fisch — Molch — Frosch — Kriechtier — Vogel/Säugetier

(Schwimmblase) — (Lungen)

4. Hornissenschwärmer und Hornisse ähneln sich in ihrem Körperbau und der Färbung.
a) Erklären Sie diese Form der **Mimikry.**
b) Erläutern Sie anhand dieses Beispiels den Begriff **Coevolution.**

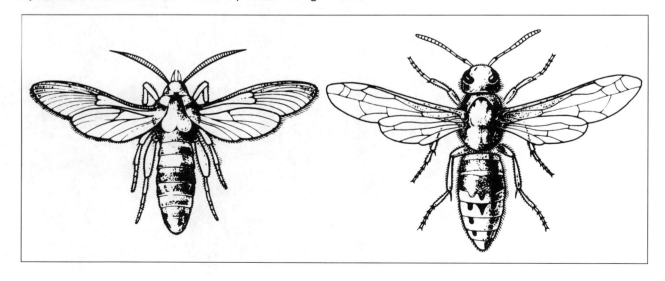

Evolutive Trends in der Pflanzenwelt

1. Bei den Grünalgen findet man unterschiedliche Organisationsstufen.
a) Benennen Sie folgende Grünalgen.
b) Beschreiben Sie jeweils den Bau.

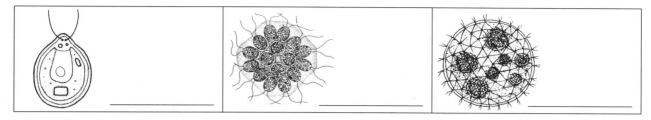

c) Erklären Sie an diesem Beispiel den Begriff **zunehmende Differenzierung** als einen Hinweis auf Höherentwicklung.

2. Psilophyten – Nacktpflanzen – eroberten im Silur als erste Pflanzen das Land.
a) Welche anatomischen und morphologischen Neuerwerbungen zeigten die ersten Landpflanzen?
b) *Asteroxylon mackiei* und *Hyenia* stellen Vorformen weiterer Pflanzengruppen dar. Geben Sie die Pflanzengruppen an und begründen Sie Ihre Entscheidung kurz.

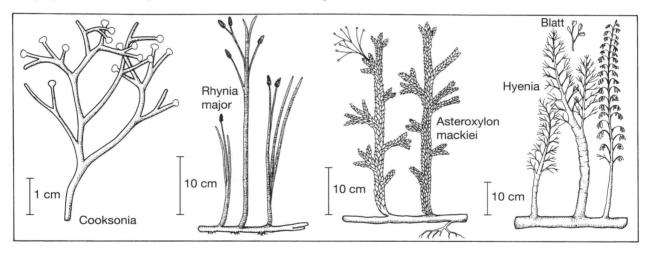

3. Moose, Farne und Samenpflanzen zeigen Unterschiede im Bau iher Sprossachsen.
a) Vergleichen Sie die abgebildeten Querschnitte.
b) Erläutern Sie anhand dieser Querschnitte den Begriff **zunehmende Differenzierung.**

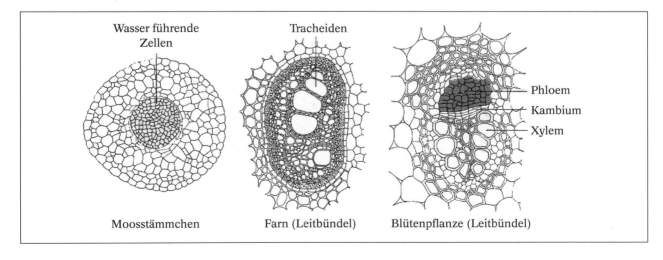

Die Evolution der Gefäßpflanzen

Arbeitsblatt 52

1. Benennen Sie die mit ①–⑮ gekennzeichneten Gruppen und Pflanzen im Stammbaum.

2. Erklären Sie das Konzept, das hinter dieser Art des Stammbaumes steht. Vergleichen Sie diesen Stammbaum mit dem Stammbaum auf S. 49.

3. Brachsenkräuter und Ginkgo gelten als **lebende Fossilien**. Erklären Sie diesen Begriff.

4. Devon und Karbon fasst man auch als **Farnzeit** zusammen. Erklären Sie diese Bezeichnung.

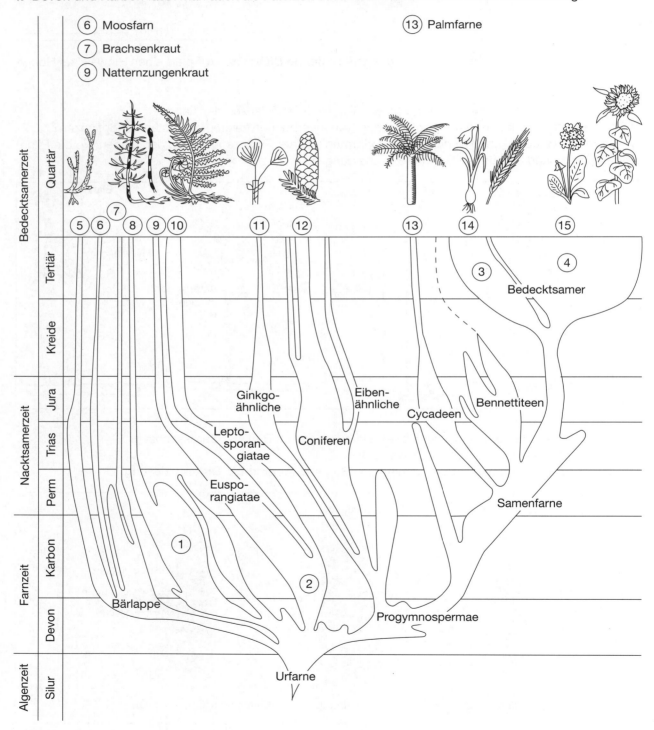

Belege aus der Anatomie und Morphologie I

1. Definieren Sie den Begriff **homologe Organe** und nennen Sie die Homologiekriterien.

2. Welche Homologiekriterien werden in den Abbildungen A–F verdeutlicht? Begründen Sie Ihre Antwort.

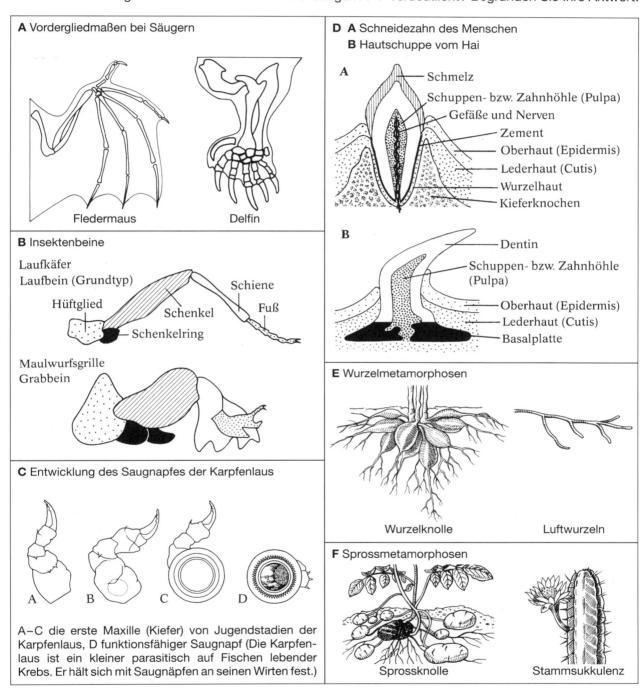

A Vordergliedmaßen bei Säugern — Fledermaus, Delfin

B Insektenbeine — Laufkäfer Laufbein (Grundtyp): Hüftglied, Schenkelring, Schenkel, Schiene, Fuß; Maulwurfsgrille Grabbein

C Entwicklung des Saugnapfes der Karpfenlaus

A–C die erste Maxille (Kiefer) von Jugendstadien der Karpfenlaus, D funktionsfähiger Saugnapf (Die Karpfenlaus ist ein kleiner parasitisch auf Fischen lebender Krebs. Er hält sich mit Saugnäpfen an seinen Wirten fest.)

D A Schneidezahn des Menschen / B Hautschuppe vom Hai — Schmelz, Schuppen- bzw. Zahnhöhle (Pulpa), Gefäße und Nerven, Zement, Oberhaut (Epidermis), Lederhaut (Cutis), Wurzelhaut, Kieferknochen, Dentin, Basalplatte

E Wurzelmetamorphosen — Wurzelknolle, Luftwurzeln

F Sprossmetamorphosen — Sprossknolle, Stammsukkulenz

3. Unter den Einzelabbildungen finden sich zwei Beispiele für Analogien.
a) Definieren Sie den Begriff **analoge Organe**.
b) Erläutern Sie beide Beispiele.

Belege aus der Anatomie und Morphologie II

54

1. Erläutern Sie den Begriff **Konvergenz** mithilfe der Abbildungen A und B.

2. Erkären Sie, wie es zur konvergenten Entwicklung kommen konnte.

3. Nennen Sie zwei Beispiele für konvergente Entwicklung aus dem Pflanzenreich und erklären Sie diese.

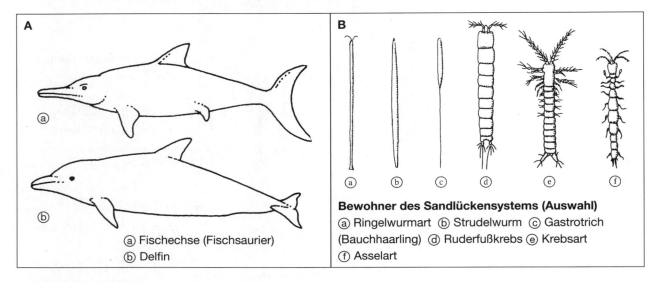

A
ⓐ Fischechse (Fischsaurier)
ⓑ Delfin

B
Bewohner des Sandlückensystems (Auswahl)
ⓐ Ringelwurmart ⓑ Strudelwurm ⓒ Gastrotrich (Bauchhaarling) ⓓ Ruderfußkrebs ⓔ Krebsart ⓕ Asselart

Die Abbildung zeigt vier verschiedene Schleichenarten.

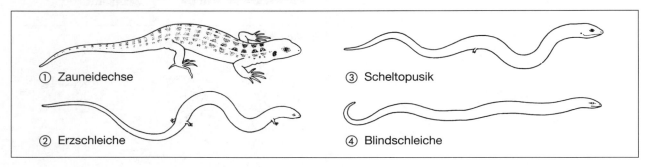

① Zauneidechse
② Erzschleiche
③ Scheltopusik
④ Blindschleiche

4. a) Vergleichen Sie die Ausbildung der Hintergliedmaßen.
b) Erläutern Sie anhand der Abbildung folgende Evolutionserscheinungen: **Regressionsreihe, homologe Organe, rudimentäre Organe.**

5. Definieren Sie den Begriff **Atavismus** und beschreiben Sie die unten abgebildeten Beispiele.

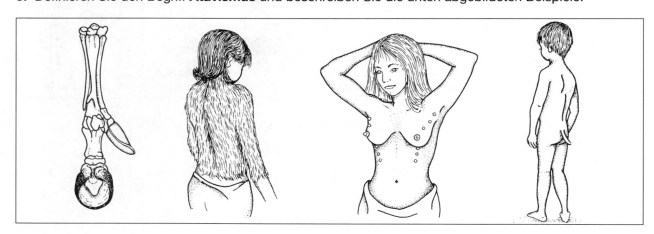

Belege aus der Embryologie und der Verhaltenslehre

1. Nennen Sie die **biogenetische Grundregel von HAECKEL**. Erläutern Sie dabei auch die von ihm gemachte Einschränkung.

2. Erklären Sie die Entwicklung der Scholle im Laufe der Evolution, indem Sie Bezug auf die biogenetische Grundregel von HAECKEL nehmen.

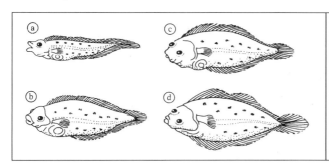

Stadien aus der Larvalentwicklung der Scholle

Die zu den Plattfischen gehörende Scholle ist ein seitlich stark abgeplatteter, asymmetrischer Bodenfisch. Die Seite, mit der das Tier dem Boden aufliegt, ist augenlos und die Kiemenöffnung ist zurückgebildet. Die nach oben zeigende andere Seite ist nur physiologisch die Oberseite. Sie ist dunkler pigmentiert und kann sich dem Untergrund anpassen (Tarnfärbung). Diese Seite hat einen voll funktionsfähigen Kiemenkanal.

3. Die Reste des Beckengürtels eines Finnwales kann man als **Rudiment** bezeichnen. Begründen Sie diese Aussage.

4. Welche Rückschlüsse können Sie aus der Embryonalentwicklung der Bartenwale über deren Entwicklung ziehen?

Bartenwale haben zwar keine Hintergliedmaßen, aber im Körperinneren liegen Reste des Beckengürtels und Beinknochen. Die Reste des Beckengürtels dienen dem erwachsenen männlichen Tier noch als Ansatzstelle für einen Muskel zur Penis-Erektion. Die Zähne fehlen. Die Nahrung wird mit den Barten herausgefiltert. Die Halswirbel sind sehr klein und verwachsen.
Merkmale der Embryonen: Bei den Embryonen mancher Wale werden Extremitätenknospen der Hintergliedmaßen angelegt. Bartenwalembryonen haben ein Haarkleid, zahlreiche Zahnkeime im Unterkiefer und einen Hals mit sieben freien Halswirbeln.

Finnwal   **Unterkiefer der Embryos**

5. Bei den abgebildeten Vögeln aus der Gruppe der Fasanenartigen erfolgt ein Funktionswechsel im Verhalten.
Beschreiben Sie das Verhalten und seine Veränderungen. Warum ist ein solcher Funktionswechsel ein Hinweis auf gemeinsame Vorfahren?

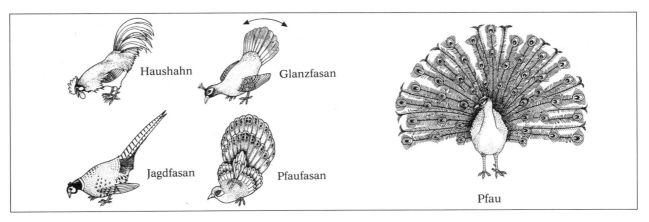

Belege aus der Biochemie

Arbeitsblatt 56

1. Heute kennt man eine Reihe strukturell aufgeklärter Polypeptide.
a) Nennen Sie Beispiele.

_____

_____

_____

b) Erklären Sie die Methode der **Aminosäuresequenzanalyse**. Zeichnen Sie dazu je ein Fließschema zur qualitativen und zur strukturellen Aufklärung.

2. Diese Methode erlaubt auch die Aufklärung evolutionsbiologischer Entwicklungen.

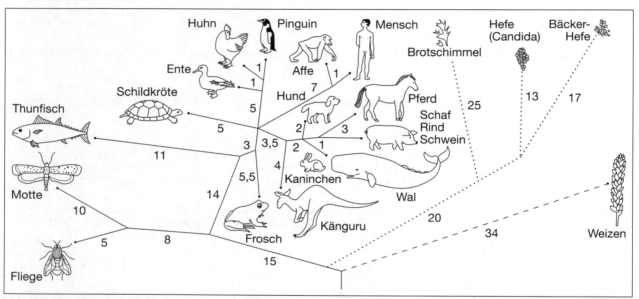

Hypothetischer Stammbaum auf der Basis von Strukturunterschieden des Cytochrom-c-Moleküls. Die Zahlen neben den Verbindungslinien stehen für die Anzahl von Aminosäuren, in denen sich die Zweige unterscheiden. Sie entsprechen jeweils „wirkungslosen Mutationen".

a) Warum wurde hier mit dem Enzym Cytochrom-c gearbeitet?
b) Welche Aussagen lässt ein Vergleich der Aminosäuresequenzen dieser Struktur zu? Begründen Sie Ihre Aussage.

3. Erklären Sie mithilfe des Schemas die **Präzipitinreaktion** als ein serologisches Testverfahren. Deuten Sie die Befunde.

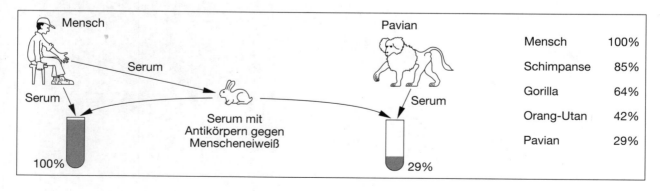

| **Arbeitsblatt** | **Belege aus der Paläontologie – Fossilien** | 57 |

1. Der Übergang eines Lebewesens aus seiner Biosphäre in die Lithosphäre wird als **Fossilation** bezeichnet und erfolgt nach einem vielseitigen Umwandlungsprozess.
Man unterscheidet verschiedene Formen bzw. Erhaltungszustände bei Fossilien. Ergänzen Sie die Tabelle.

Form	Beschreibung und Entstehung
Körperfossilien	
Abdruck	
Steinkern	
Versteinerung	
Inkohlung	
Inkluse	
Spurenfossilien	

2. Welche Hinweise geben uns Fossilien?

3. Erläutern Sie den Begriff **Leitfossil**. Welche Ansprüche müssen Fossilien erfüllen, um als Leitfossil genutzt zu werden?

4. Die Zeitungsmeldung berichtet von 120 bis 140 Millionen Jahre alten Fossilien.
Informieren Sie sich über zwei Datierungsmethoden und beschreiben Sie diese.

Erstmals Organe von Dinosauriern im Nordosten von China entdeckt

Philadelphia (dpa). Spektakuläre Dinosaurierfossilien, darunter auch erstmals Organe der vor rund 65 Millionen Jahren ausgestorbenen Kreaturen, haben Paläontologen im Nordosten Chinas gefunden. Zu den einmaligen Funden zählt das Fossil eines Dinosauriers, das noch den Kieferknochen eines verschlungenen Säugetiers zeigt. Bei einem anderen Fossil der gleichen Saurierart (Sinosauropteryx) ist ein Ei im Eileiter zu sehen.
Auf die Stätte, die noch viele hundert Fossilien, die zwischen 120 und 140 Millionen Jahre alt sind, bergen soll, war ein Bauer gestoßen, der nach Insekten zum Fischen suchte.

aus: Leipziger Volkszeitung, Mai '97

Arbeitsblatt 58: Belege aus der Paläontologie – Zwischenformen

Als Zwischenformen bzw. Brückentiere oder -pflanzen bezeichnet man Organismen, die sowohl Merkmale der phylogenetisch älteren wie der jüngeren Gruppe aufweisen. Legen Sie zu jeder Zwischenform eine Tabelle an und ergänzen Sie die Merkmale.

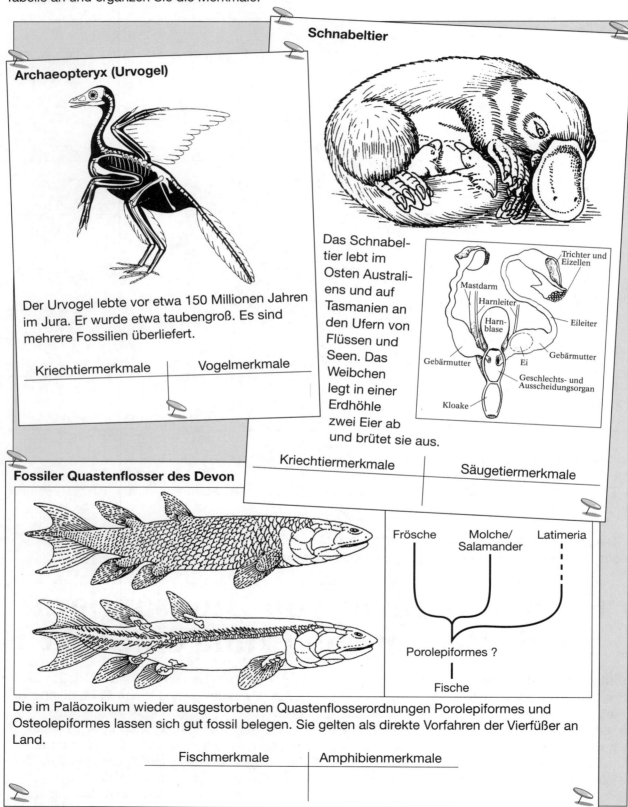

Archaeopteryx (Urvogel)

Der Urvogel lebte vor etwa 150 Millionen Jahren im Jura. Er wurde etwa taubengroß. Es sind mehrere Fossilien überliefert.

Kriechtiermerkmale	Vogelmerkmale

Schnabeltier

Das Schnabeltier lebt im Osten Australiens und auf Tasmanien an den Ufern von Flüssen und Seen. Das Weibchen legt in einer Erdhöhle zwei Eier ab und brütet sie aus.

Kriechtiermerkmale	Säugetiermerkmale

Fossiler Quastenflosser des Devon

Die im Paläozoikum wieder ausgestorbenen Quastenflosserordnungen Porolepiformes und Osteolepiformes lassen sich gut fossil belegen. Sie gelten als direkte Vorfahren der Vierfüßer an Land.

Fischmerkmale	Amphibienmerkmale

Die verschiedenen Erdzeitalter

Arbeitsblatt 59

1. Ergänzen Sie die fehlenden Erdzeitalter und Systeme.
2. Benennen Sie die unten abgebildeten Lebewesen und ordnen Sie diese einem System zu.
3. Stellen Sie eine kurze Beschreibung (Klima, Tier- und Pflanzenwelt) für folgende Systeme zusammen: Kambrium, Karbon, Jura und Tertiär.

Beginn vor Mill. J.	4000	570	500	435	410	360	280	220	190	135	70	1,8
Erdzeitalter	Erdfrühzeit										Erdneuzeit	
System	Präkambrium	Kambrium	Ordovicium		Devon	Karbon	Perm			Kreide	Tertiär	Quartär

Vergleich zwischen Menschenaffe und Mensch

Arbeitsblatt 60

1. Vergleichen Sie die anatomischen und morphologischen Merkmale des Schimpansen und des Menschen.
a) Legen Sie dazu eine Tabelle an, in der Sie Gemeinsamkeiten und Unterschiede notieren.
Folgende Vergleichspunkte sollten mindestens enthalten sein: Körperhaltung, Wirbelsäule, Becken, Hand, Fuß, Schädel.
b) Welche Konsequenzen haben diese Entwicklungen? Wählen Sie zur Beantwortung dieser Frage zwei Beispiele aus der Tabelle.

Schimpanse	Mensch
Becken (weiblich)	Becken (weiblich)

2. Ergänzen Sie nun in der Tabelle cytologische und serologische Merkmale wie Eiweiß, Blutgruppen und Karyogramm.

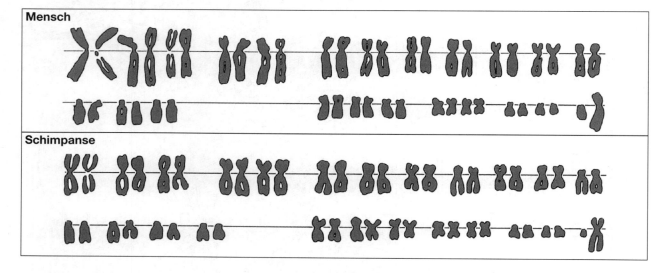

3. Auch aus dem Verhalten lassen sich Rückschlüsse über Verwandtschaft ziehen. Ergänzen Sie in der Tabelle Beispiele.

Stammbaum des Menschen

1. Ordnen Sie die Schädelfunde dem Stammbaum zu. Benennen Sie sie und tragen Sie dann die Nummer an der richtigen Stelle ein.

2. Legen Sie eine Tabelle mit den einzelnen Hominiden an. Notieren Sie: Hominidenart, Alter, Größe, Hirnvolumen, Kultur.

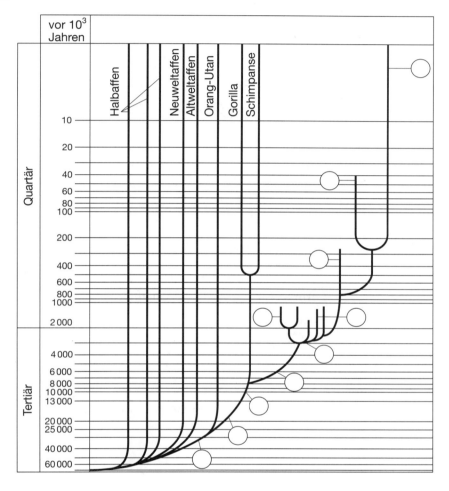

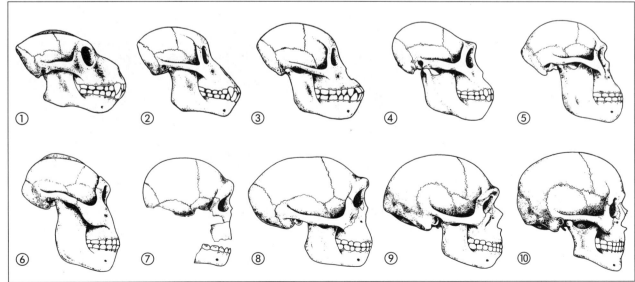

| Arbeits-blatt | **Ethnische und kulturelle Vielfalt des Menschen** | 62 |

Alle Menschen der Nacheiszeit repräsentieren eine einheitliche Art, innerhalb derer sich zahlreiche Großrassen, Kleinrassen und über 1000 Stämme unterscheiden lassen.

1. Heute findet man bereits eine Unterscheidung in fünf Großrassenkreise und 20 bis 30 Kleinrassen. Tragen Sie die Verbreitungsgebiete farbig in die Karte ein und ergänzen Sie Sondergruppen wie Eskimide, Polyneside und Melaniside.

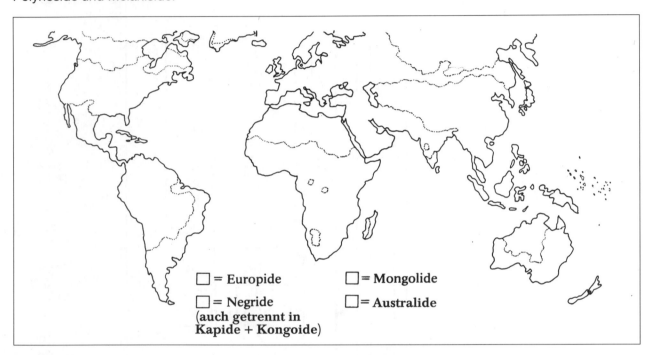

☐ = Europide   ☐ = Mongolide
☐ = Negride   ☐ = Australide
(auch getrennt in
Kapide + Kongoide)

2. Die ursprünglich angenommenen drei Großrassenkreise weisen unterschiedliche Merkmale auf. Stellen Sie diese in einer Tabelle zusammen.

Merkmale	Großrassenkreise		
	Europide	Mongolide	Negride

3. Erklären Sie, wie das vielfältige Rassenmosaik entstehen konnte.

4. Der „moderne" Mensch hat in etwa 2500 Jahren hunderte Stammesvölker ausgerottet. Mehr als 400 sind gegenwärtig vom Völkermord und vom Aussterben bedroht. Die Mitglieder von Stammesvölkern umfassen heute weltweit nur noch fünf Millionen Menschen.
Sammeln Sie Informationen über einen Stamm Ihrer Wahl. Berichten Sie über Vorkommen, Besonderheiten, Kultur und Bedrohungen dieses Volkes.

Klausur- und Prüfungsaufgaben – Evolution

1. Bei der Fruchtfliege *Drosophila melanogaster* treten manchmal Individuen mit vier gleichen Flügeln auf. Erklären und deuten Sie diese Beobachtung aus der Sicht der Evolutionslehre.

2. In der Tierwelt Australiens gibt es einige Arten, die höheren Säugetierarten verblüffend ähnlich sehen, obwohl sie zu den Beuteltieren gehören. So haben Flugbeutler und Flughörnchen zwischen Vorder- und Hinterbeinen Hautfalten, mit deren Hilfe sie kurze Strecken gleiten können.

a) Erklären Sie diese Merkmalsausprägung im Sinne LAMARCKS unter Einbeziehung seiner Gesetze. Stellen Sie ein Fließschema auf.
b) Legen Sie dar, worin der grundlegende „Irrtum" seiner Theorie besteht.
c) Erläutern Sie die Herausbildung der Hautfalten zum Gleiten aus der Sicht DARWINS.
d) Die Abbildung zeigt noch andere zum Gleiten befähigte Tiere. Erläutern Sie diese Erscheinung unter Verwendung der entsprechenden Fachbegriffe.

3. Korallenschlangen sind mittel- und südamerikanische Giftnattern mit einer auffallenden Warntracht aus roten, schwarzen und gelben Querringen am Körper. Dabei gibt es sehr giftige und weniger giftige Arten. Die völlig harmlose Milchschlange sieht einer Korallenschlange in Größe und Musterung ähnlich.
a) Begründen Sie, weshalb mögliche Fressfeinde sowohl Korallenschlangen als auch Milchschlangen, die im gleichen Biotop vorkommen, meiden.
b) Erklären Sie mithilfe der Evolutionshypothese das Zustandekommen der Ähnlichkeiten.
c) Nennen Sie zwei weitere Beispiele für diese Erscheinung.

4. Sowohl von Mitochondrien als auch von Chloroplasten nimmt man an, dass es sich aus evolutiver Sicht um Endosymbionten handelt.
Belegen Sie diese Aussage mit drei Merkmalen, die für beide Organellen zutreffen.

5. Als der Lehrer JOHN SCOPES seinen Schülern die Herkunft des Menschen von tierischen Vorfahren nahe bringen wollte, wurde er deshalb 1925 vor Gericht gestellt und verurteilt.
Erläutern Sie jeweils einen Befund aus vier biologischen Teildisziplinen, der die Primatenverwandtschaften des Menschen belegt.

Arbeitsblatt 64: Themenübergreifende Aufgaben

Material:

In Ostafrika findet man über 600 verschiedene Buntbarscharten mit unterschiedlichen Lebensweisen. Sie besiedeln Flüsse und die verschiedensten Binnenseen wie den Victoria-See und Malawi-See. Eines haben sie alle gemeinsam: Sie kümmern sich fürsorglich um ihre Partner und die Nachkommen.
Die meisten Buntbarsche sind zur Laichzeit streng territorial. Sie betreiben Brutpflege, indem sie Nester oder Mulden bauen, die abwechselnd bewacht werden. Durch Flossenschlagen wird das Gelege mit Sauerstoff versorgt. Nach einigen Tagen im Nest machen die geschlüpften Jungfische gemeinsam mit ihren Eltern „Ausflüge". Abends werden sie häufig mit dem Maul eingesammelt und zurückbefördert.

Der mit Flüssen in Verbindung stehende Malawi-See im Südosten Afrikas entstand vor etwa 500 000 Jahren durch einen Grabenbruch. Er wird von 196 Buntbarscharten besiedelt, die sich vor allem in ihrer Maulform unterscheiden und unterschiedliche Nahrung fressen. Sie weisen aber auch Übereinstimmungen auf: z. B. sind sie Maulbrüter.

Die Abbildung zeigt verschiedene Arten:

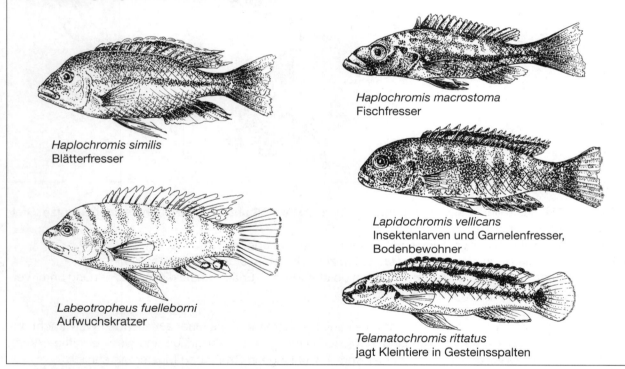

Haplochromis similis
Blätterfresser

Labeotropheus fuelleborni
Aufwuchskratzer

Haplochromis macrostoma
Fischfresser

Lapidochromis vellicans
Insektenlarven und Garnelenfresser, Bodenbewohner

Telamatochromis rittatus
jagt Kleintiere in Gesteinsspalten

Aufgaben:

1. Deuten Sie die Artenvielfalt der Buntbarsche im Malawi-See unter Verwendung von Fachbegriffen aus der Sicht der heutigen Evolutionsforschung.

2. Erklären Sie an diesem Beispiel den Begriff **ökologische Nische.**

3. Erklären Sie mögliche Ursachen für das Maulbrüten.

4. Warum ist die Artenvielfalt der Buntbarsche in vielen afrikanischen Flüssen geringer als im Malawi-See?

5. Beschreiben Sie den möglichen Ablauf des oben erwähnten Territorialverhaltens.